宗白华 著

何处寻美

中国画报出版社·北京

人文之美

002/ 美从何处寻(节选)

008/ 中国文化的美丽精神往哪里去?

013/ 论《世说新语》和晋人的美

041/ 先秦工艺美术和中国古代哲学、文学中所表现的美学思想

艺术之美

050/ 艺术与中国社会

056/ 论文艺的空灵与充实

067/ 中国艺术意境之诞生(增订稿)

099/ 中国艺术表现里的虚和实

106/ 中国艺术的写实精神——为第三次全国美展写

 书画之美

112/ 中国书法里的美学思想

149/ 论中西画法的渊源与基础

174/ 中国古代的绘画美学思想

187/ 中西画法所表现的空间意识

200/ 中国诗画中所表现的空间意识

233/ 介绍两本关于中国画学的书并论中国的绘画

音乐、建筑之美

242/ 中国古代的音乐美学思想

250/ 中国古代音乐寓言与音乐思想

275/ 中国园林建筑艺术所表现的美学思想

人文之美

美从何处寻(节选)

啊,诗从何处寻?

在细雨下,点碎落花声;

在微风里,飘来流水音;

在蓝空天末,摇摇欲坠的孤星!

此为宗白华作《流云小诗》

尽日寻春不见春,

芒鞋踏遍陇头云。

归来笑拈梅花嗅,

春在枝头已十分。

据宋罗大经《鹤林玉露》记载,此诗是某尼悟道诗

诗和春都是美的化身,一是艺术的美,一是自然的美。我们都是从目观耳听的世界里寻得她的踪迹。某尼悟道诗大有禅意,好像是说"道不远人",不应该"道在迩而求诸远"。好像

是说:"如果你在自己的心中找不到美,那么,你就没有地方可以发现美的踪迹。"

然而梅花仍是一个外界事物呀,大自然的一部分呀!你的心不是"在"自己的心的过程里,在感情、情绪、思维里找到美;而只是"通过"感觉、情绪、思维找到美,发现梅花里的美。美对于你的心,你的"美感"是客观的对象和存在。你如果要进一步认识她,你可以分析她的结构、形象、组成的各部分,得出"谐和"的规律、"节奏"的规律、表现的内容、丰富的启示,而不必顾到你自己的心的活动,你越能忘掉自我,忘掉你自己的情绪波动,思维起伏,你就越能够"漱涤万物,牢笼百态",你就会像一面镜子,像托尔斯泰那样,照见了一个世界,丰富了自己,也丰富了文化。人们会感谢你的。

◎齐白石 《梅花》

那么，你在自己的心里就找不到美了吗？我说，如果我们的心灵起伏万变，经常碰到情感的波涛，思想的矛盾，当我们身在其中时，恐怕尝到的是苦闷，而未必是美。只有莎士比亚或巴尔扎克把它形象化了，表现在文艺里，或是你自己手之舞之，足之蹈之，把你的欢乐表现在舞蹈的形象里，或把你的忧郁歌咏在有节奏的诗歌里，甚至于在你的平日的行动里、语言里。一句话，就是你的心要具体地表现在形象里，那时旁人会看见你的心灵的美，你自己也才真正地切实地具体地发现你的心里的美。除此以外，恐怕不容易吧！你的心可以发现美的对象（人生的、社会的、自然的），这"美"对于你是客观的存在，不以你的意志为转移。（你的意志只能指使你的眼睛去看她，或不去看她，而不能改变她。你能训练你的眼睛深一层地去认识她，却不能动摇她。希腊伟大的艺术不因中古时代而减少它的光辉。）

宋朝某尼虽然似乎悟道，然而她的觉悟不够深、不够高，她不能发现整个宇宙已经盎然有春意，假使梅花枝上已经春满十分了。她在踏遍陇头云时是苦闷的、失望的。她把自己关在狭窄的心的圈子里了。只在自己的心里去找寻美的踪迹是不够的，是大有问题的。王羲之在《兰亭序》里说："仰观宇宙之大，俯察品类之盛，所以游目骋怀，足以极视听之娱，信可乐也。"这是东晋大书法家在寻找美的踪迹。他的书法传达了自然的美和精神的美。不仅是大宇宙，小小的事物也不可忽视。

◎贝蒂 画

诗人华滋沃斯[1]曾经说过:"一朵微小的花对于我可以唤起不能用眼泪表达出的那样深的思想。"

达到这样的、深入的美感,发现这样深度的美,是要在主观心理方面具有条件和准备的。我们的感情是要经过一番洗涤,克服了小己的私欲和利害计较。矿石商人仅只看到矿石的货币价值,而看不见矿石的美的特性。我们要把整个情绪和思想改造一下,移动了方向,才能面对美的形象,把美如实地和

---

[1] 现译为华兹华斯。——编者注

深入地反映到心里来,再把它放射出去,凭借物质创造形象给表达出来,才成为艺术。中国古代曾有人把这个过程唤作"移人之情"或"移我情"。琴曲《伯牙水仙操》的序上说:

> 伯牙学琴于成连,三年而成。至于精神寂寞,情之专一,未能得也。成连曰:"吾之学不能移人之情,吾师有方子春在东海中。"乃赍粮从之,至蓬莱山,留伯牙曰:"吾将迎吾师!"划船而去,旬日不返。伯牙心悲,延颈四望,但闻海水汩波,山林窅冥,群鸟悲号。仰天叹曰:"先生将移我情!"乃援操而作歌云:"繄洞庭兮流斯护,舟楫逝兮仙不还,移形素兮蓬莱山,歍钦伤宫仙不还。"

伯牙由于在孤寂中受到大自然强烈的震撼,生活上的异常遭遇,整个心境受了洗涤和改造,才达到艺术的最深体会,把握到音乐的创造性的旋律,完成他的美的感受和创造。这个"移情说"比起德国美学家栗卜斯的"情感移入论"似乎还要深刻些,因为它说出现实生活中的体验和改造是"移情"的基础呀!并且"移易"和"移入"是不同的。

这里我所说的"移情"应当是我们审美的心理方面的积极因素和条件,而美学家所说的"心距离""静观",则构成审美的消极条件。女子郭六芳有一首诗《舟还长沙》说得好:

侬家家住两湖东,

十二珠帘夕照红,

今日忽从江上望,

始知家在画图中。

自己住在现实生活里,没有能够把握它的美的形象。等到自己对自己的日常生活有相当的距离,从远处来看,才发现家在画图中,融在自然的一片美的形象里。

中国文化的美丽精神往哪里去?

印度诗哲泰戈尔,在国际大学中国学院的小册里,曾说过这几句话:"世界上还有什么事情,比中国文化的美丽精神更值得宝贵的?中国文化使人民喜爱现实世界,爱护备至,却又不致陷于现实得不近情理!他们已本能地找到了事物的旋律的秘密。不是科学权力的秘密,而是表现方法的秘密。这是极其伟大的一种天赋。因为只有上帝知道这种秘密。我实妒忌他们有此天赋,并愿我们的同胞亦能共享此秘密。"

泰戈尔这几句话里,包含着极精深的观察与意见,值得我们细加考察。

先谈"中国人本能地找到了事物的旋律的秘密"。东西古代哲人,都曾仰观俯察探求宇宙的秘密。但希腊及西洋近代哲人倾向于拿逻辑的推理、数学的演绎、物理学的考察去把握宇宙间质力推移的规律,一方面满足我们理知了解的需要,一方面导引西洋人,去控制物力,发明机械,利用厚生。西洋思想最后所获得的是科学权力的秘密。

中国古代哲人却是拿"默而识之"的观照态度，去体验宇宙间生生不已的节奏，泰戈尔所谓旋律的秘密。《论语》上载：

子曰："予欲无言！"子贡曰："子如不言，则小子何述焉？"子曰："天何言哉？四时行焉，百物生焉，天何言哉？"

四时的运行，生育万物，对我们展示着天地创造性的旋律的秘密。一切在此中生长流动，具有节奏与和谐。古人拿音乐里的五声配合四时五行，拿十二律分配于十二月（《汉书·律历志》），使我们一岁中的生活融化在音乐的节奏中，从容不迫而感到内部有意义有价值，充实而美。不像现在大都市的居民灵魂里，孤独空虚。英国诗人艾略特有"荒原"的慨叹。

不但孔子，老子也从他高超严冷的眼里观照着世界的旋律。他说："致虚极，守静笃，万物并作，吾以观复！"

活泼的庄子也说他"静而与阴同德，动而与阳同波"，他把他的精神生命体合于自然的旋律。

孟子说他能"上下与天地同流"。荀子歌颂着天地的节奏：

列星随旋，日月递照，四时代御，阴阳大化，风雨博施，万物各得其和以生，各得其养以成。

我们不必多引了，我们已见到了中国古代哲人是"本能地找到了宇宙旋律的秘密"。而把这获得的至宝,渗透进我们的现实生活,使我们生活表现礼与乐里,创造社会的秩序与和谐。我们又把这旋律装饰到我们日用器皿上,使形下之器启示着形上之道(即生命的旋律)。中国古代艺术特色表现在它所创造的各种图案花纹里,而中国最光荣的绘画艺术,也还是从商周铜器图案、汉代砖瓦花纹里脱胎出来的呢!

"中国人喜爱现实世界,爱护备至,却又不致现实得不近情理。"我们在新石器时代,从我们的日用器皿制出玉器,作为我们政治上、社会上及精神人格上美丽的象征物。我们在铜器时代也把我们的日用器皿,如烹饪的鼎、饮酒的爵,等等,制造精美,竭尽当时的艺术技能,它们成了天地境界的象征。我们对最现实的器具,赋予崇高的意义、优美的形式,使它们不仅仅是我们役使的工具,而是可以同我们对语、同我们情思

◎青铜器

往还的艺术境界。后来我们发展了瓷器（西人称我们是瓷国）。瓷器是玉的精神的承续与光大，使我们在日常现实生活中能充满着玉的美。

但我们也曾得到过科学权力的秘密。我们有两大发明：火药同指南针。这两项发明到了西洋人手里，成就了他们控制世界的权力，陆上霸权与海上霸权，中国自己倒成了这霸权的牺牲品。我们发明着火药，用来创造奇巧美丽的烟火和鞭炮，使我一般民众在一年劳苦休息的时候，新年及春节里，享受平民式的欢乐。我们发明指南针，并不曾向海上取霸权，却让风水先生勘定我们庙堂、居宅及坟墓的地位和方向，使我们生活中顶重要的"住"，能够选择优美适当的自然环境，"居之安而资之深"。我们到郊外，看那山环水抱的亭台楼阁，如入图画。中国建筑能与自然背景取得最完美的调协，而且用高耸天际的层楼飞檐及环拱柱廊、栏杆台阶的虚实节奏，昭示出这一片山水里潜流的旋律。

漆器也是我们最早的发明，使我们的日用器皿生光辉，有情韵。最近，沈福文君引用古代各时期图案花纹到他设计的漆器里，使我们再能有美丽的器皿点缀我们的生活，这是值得兴奋的事。但是要能有大量的价廉的生产，使一般人民都能在日常生活中时时接触趣味高超、形制优美的物质环境，这才是一个民族的文化水平的尺度。

中国民族很早发现了宇宙旋律及生命节奏的秘密，以和平的音乐的心境爱护现实，美化现实，因而轻视了科学工艺征服自然的权力。使我们不能解救贫弱的地位，在生存竞争剧烈的时代，受人侵略，受人欺侮，文化的美丽精神也不能长保了，灵魂里粗野了，卑鄙了，怯懦了，我们也现实得不近情理了。我们丧尽了生活里旋律的美（盲动而无秩序）、音乐的境界（人与人之间充满了猜忌、斗争）。一个最尊重乐教、最了解音乐价值的民族没有了音乐。这就是说没有了国魂，没有了构成生命意义、文化意义的高等价值。中国精神应该往哪里去？

近代西洋人把握科学权力的秘密（最近如原子能的秘密），征服了自然，征服了科学落后的民族，但不肯体会人类全体共同生活的旋律美，不肯"参天地，赞化育"，提携全世界的生命，演奏壮丽的交响乐，感谢造化宣示给我们的创化机密，而以厮杀之声暴露人性的丑恶，西洋精神又要往哪里去？哪里去？这都是引起我们惆怅、深思的问题。

论《世说新语》和晋人的美

汉末魏晋六朝是中国政治上最混乱、社会上最苦痛的时代,然而却是精神史上极自由、极解放,最富于智慧、最浓于热情的一个时代。因此也就是最富有艺术精神的一个时代。王羲之父子的字,顾恺之和陆探微的画,戴逵和戴颙的雕塑,嵇康的广陵散(琴曲),曹植、阮籍、陶潜、谢灵运、鲍照、谢朓的诗,郦道元、杨衒之的写景文,云岗、龙门壮伟的造像,洛阳和南朝的闳丽的寺院,无不是光芒万丈,前无古人,奠定了后代文学艺术的根基与趋向。

这时代以前——汉代,在艺术上过于质朴,在思想上定于一尊,统治于儒教;这时代以后——唐代,在艺术上过于成熟,在思想上又入于儒、佛、道三教的支配。只有这几百年间是精神上的大解放,人格上思想上的大自由。人心里面的美与丑、高贵与残忍、圣洁与恶魔,同样发挥到了极致。这也是中国周秦诸子以后第二度的哲学时代,一些卓超的哲学天才——佛教的大师,也是生在这个时代。

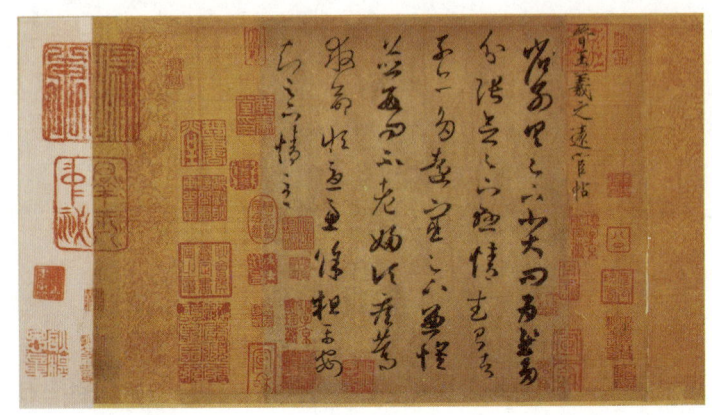

○王羲之 《远宦帖》

这是中国人生活史里点缀着最多的悲剧,富于命运的罗曼司的一个时期,八王之乱、五胡乱华、南北朝分裂,酿成社会秩序的大解体,旧礼教的总崩溃、思想和信仰的自由、艺术创造精神的勃发,使我们联想到西欧16世纪的"文艺复兴"。这是强烈、矛盾、热情、浓于生命彩色的一个时代。

但是西洋"文艺复兴"的艺术(建筑、绘画、雕刻)所表现的美是浓郁的、华贵的、壮硕的;魏晋人则倾向简约玄澹,超然绝俗的哲学的美,晋人的书法是这美的最具体的表现。

这晋人的美,是这全时代的最高峰。《世说新语》一书记述得挺生动,能以简劲的笔墨画出它的精神面貌、若干人物的性格、时代的色彩和空气。文笔的简约玄澹尤能传神。撰述人刘义庆生于晋末,注释者刘孝标也是梁人,当时晋人的流风余韵犹未泯灭,所述的内容,至少在精神的传模方面,离真象不

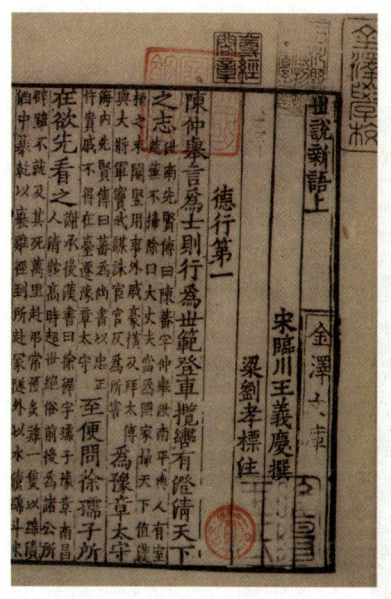
◎《世说新语》

远（唐修《晋书》也多取材于它）。

要研究中国人的美感和艺术精神的特性，《世说新语》一书里有不少重要的资料和启示，是不可忽略的。今就个人读书札记粗略举出数点，以供读者参考，详细而有系统的发挥，则有待于将来。

一、魏晋人生活上人格上的自然主义和个性主义，解脱了汉代儒教统治下的礼法束缚：在政治上先已表现于曹操那种超道德观念的用人标准。一般知识分子多半超脱礼法观点直接欣赏人格个性之美，尊重个性价值。桓温问殷浩曰："卿何如我？"殷答曰："我与我周旋久，宁作我！"这种自我价值的发现和肯定，在西洋是文艺复兴以来的事。而《世说新语》上第6篇《雅量》、第7篇《识鉴》、第8篇《赏誉》、第9篇《品藻》、第14篇《容止》，都系鉴赏和形容"人格个性之美"的。而美学上的评赏，所谓"品藻"的对象乃在"人物"。中国美学竟是出发于"人物品藻"之美学。美的概念、范畴、形容词,发源于人格美的评赏。"君子比德于玉",中国人对于人格美的爱赏渊源极早,而品藻人物的空气,已盛行于汉末。到"世说新语时代"则登峰造极了。(《世说》载"温太真是过江第二流之高者。时名辈共说人物,第一将尽之间,温常失色",即此可见当时人物品藻在社会上的势力。)

中国艺术和文学批评的名著,谢赫的《画品》,袁昂、庾肩吾的《画品》、钟嵘的《诗品》、刘勰的《文心雕龙》,都产生在这热闹的品藻人物的空气中。后来唐代司空图的《二十四品》,乃集我国美感范畴之大成。

二、山水美的发现和晋人的艺术心灵。《世说》载东晋画家顾恺之从会稽还,人问山

◎ 北宋　巨然　《层岩丛树图》

水之美，顾云："千岩竞秀，万壑争流，草木蒙笼其上，若云兴霞蔚。"这几句话不是后来五代北宋荆（浩）、关（仝）、董（源）、巨（然）等山水画境界的绝妙写照么？中国伟大的山水画的意境，已包具于晋人对自然美的发现中了！而《世说》载简文帝入华林园，顾谓左右曰："会心处不必在远，翳然林水，便自有濠濮间想也。觉鸟兽禽鱼自来亲人。"这不又是元人山水花鸟小幅，黄大痴、倪云林、钱舜举、王若水的画境吗？（中国南宗画派的精意在于表现一种潇洒胸襟，这也是晋人的流风余韵。）

晋宋人欣赏山水，由实入虚，即实即虚，超入玄境。当时画家宗炳云："山水质有而趣灵。"诗人陶渊明的"采菊东篱下，悠然见南山"，"此中有真意，欲辨已忘言"；谢灵运的"溟涨无端倪，虚舟有超越"；以及袁彦伯的"江山辽落，居然有万里之势"。王右军与谢太傅共登冶城，谢悠然远想，有高世之志。荀中郎登北固望海云："虽未睹三山，便自使人有凌云意。"晋宋人欣赏自然，有"目送归鸿，手挥五弦"的超然玄远的意趣。这使中国山水画自始即是一种"意境中的山水"。宗炳画所游山水悬于室中，对之云："抚琴动操，欲令众山皆响！"郭景纯有诗句曰"林无静树，川无停流"，阮孚评之云："泓峥萧瑟，实不可言，每读此文，辄觉神超形越。"这玄远幽深的哲学意味深透在当时人的美感和自然欣赏中。

晋人以虚灵的胸襟、玄学的意味体会自然，乃能表里澄澈，一片空明，建立最高的晶莹的美的意境！司空图《诗品》里曾形容艺术心灵为"空潭写春，古镜照神"，此境晋人有之：

王羲之曰："从山阴道上行，如在镜中游！

心情的朗澄，使山川影映在光明净体中！

王司州（修龄）至吴兴印渚中看，叹曰："非唯使人情开涤，亦觉日月清朗！"

司马太傅（道子）斋中夜坐，于时天月明净，都无纤翳，太傅叹以为佳。谢景重在坐，答曰："意谓乃不如微云点缀。"太傅因戏谢曰："卿居心不净，乃复强欲滓秽太清邪？"

这样高洁爱赏自然的胸襟，才能够在中国山水画的演进中产生元人倪云林那样"洗尽尘滓，独存孤迥"，"潜移造化而与天游"，"乘云御风，以游于尘垢之表"（皆

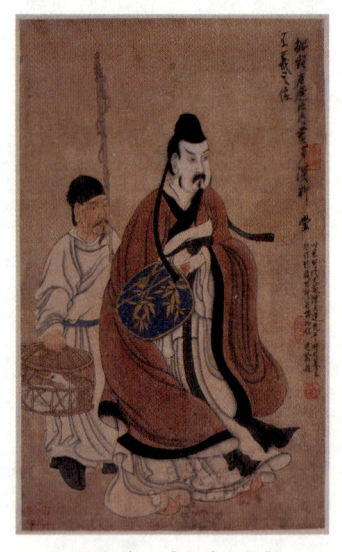
◎明　陈老莲　《王羲之像》

恽南田评倪画语），创立一个玉洁冰清，宇宙般幽深的山水灵境。晋人的美的理想，很可以注意的，是显著的追慕着光明鲜洁，晶莹发亮的意象。他们赞赏人格美的形容词像："濯濯如春月柳"，"轩轩如朝霞举"，"清风朗月"，"玉山"，"玉树"，"磊砢而英多"，"爽朗清举"，都是一片光亮意象。甚至于殷仲堪死后，殷仲文称他"虽不能休明一世，足以映彻九泉"。形容自然界的如"清露晨流，新桐初引"。形容建筑的如："遥望层城，丹楼如霞"。庄子的理想人格"藐姑射仙人，绰约若处子，肌肤若冰雪"，不是这晋人的美的意象的源泉么？桓温谓谢尚"企脚北窗下，弹琵琶，故自有天际真人想"。天际真人是晋人理想的人格，也是理想的美。

晋人风神潇洒，不滞于物，这优美的自由的心灵找到一种最适宜于表现他自己的艺术，这就是书法中的行草。行草艺术纯系一片神机，无法而有法，全在于下笔时点画自如，一点一拂皆有情趣，从头至尾，一气呵成，如天马行空，游行自在。又如庖丁之中肯綮，神行于虚。这种超妙的艺术，只有晋人萧散超脱的心灵，才能心手相应，登峰造极。魏晋书法的特色，是能尽各字的真态。"钟繇每点多异，羲之万字不同。""晋人结字用理，用理则从心所欲不逾矩。"唐·张怀瓘《书议》评王献之书云："子敬之法，非草非行，流便于行草；又处于其中间，无藉因循，宁拘制则，挺然秀出，务于简易。情驰神纵，超逸优游，临事制宜，从意适便。有若风行雨散，润色开花，笔法体势之中，最为风流者也！逸少秉真行之要，子敬执行草之权，父之灵和，子之神俊，皆古今之独绝也。"他这一段话不但传出行草艺术的真精神，且将晋人这自由潇洒的艺术人格形容尽致。中国独有的美术书法——这书法也就是中国绘画艺术的灵魂——是从晋人的风韵中产生的。魏晋的玄学使晋人得到空前绝后的精神解放，晋人的书法是这自由的精神人格最具体最适当的艺术表现。这抽象的音乐似的艺术才能表达出晋人的空灵的玄学精神和个性主义的自我价值。欧阳修云："余尝喜览魏晋以来笔墨遗迹，而想前人之高致也！所谓法帖者，其事率皆吊哀候病，叙睽离，通讯问，施于家人朋友之间，不过数行而已。盖其初非用意，而逸笔余兴，淋漓挥洒，或妍或丑，百态横生，披卷发函，烂然在目，使骤见惊绝，徐而视之，其意态如无穷尽，使后世得之，以为奇玩，而想见其为人也！"个性价值之发现，是"世说新语时代"的最大贡献，而晋人的书法是这个性主义的代表艺术。到了隋唐，晋人书

◎晋　钟繇　小楷　《淳化阁帖宣示表》

艺中的"神理"凝成了"法",于是"智永精熟过人,惜无奇态矣"。

三、晋人艺术境界造诣的高,不仅是基于他们的意趣超越,深入玄境,尊重个性,生机活泼,更主要的还是他们的"一往情深"!无论对于自然,对探求哲理,对于友谊,都有可述:

> 王子敬云:"从山阴道上行,山川自相映发,使人应接不暇。若秋冬之际,尤难为怀!"

好一个"秋冬之际尤难为怀!"

> 卫玠总角时问乐令"梦"。乐云:"是想。"卫曰:"形神所不接而梦,岂是想邪?"乐云:"因也。未尝梦乘车入鼠穴,捣齑啖铁杵,皆无想无因故也。"卫思因经日不得,遂成病。乐闻,故命驾为剖析之。卫即小差。乐叹曰:"此儿胸中,当必无膏肓之疾!"

卫玠姿容极美,风度翩翩,而因思索玄理不得,竟至成病,这不是柏拉图所说的富有"爱智的热情"么?

晋人虽超,未能忘情,所谓"情之所钟,正在我辈"(王戎语)!是哀乐过人,不同流俗。尤以对于朋友之爱,里面富有人格美的倾慕。《世说》中《伤逝》一篇记述颇为动人。庾亮死,何扬州临葬云:"埋玉树著土中,使人情何能已已!"伤逝中犹具悼惜美之幻灭的意思。

顾恺之拜桓温墓,作诗云:"山崩溟海竭,鱼鸟将何依?"人问之曰:"卿凭重桓乃尔,哭之状其可见乎?"顾曰:"鼻如广莫长风,眼如悬河决溜!"

顾彦先平生好琴,及丧,家人常以琴置灵床上,张季鹰往哭之,不胜其恸,遂径上床,鼓琴,作数曲竟,抚琴曰:"顾彦先颇复赏此否?"因又大恸,遂不执孝子手而出。

桓子野每闻清歌,辄唤奈何,谢公闻之,曰:"子野可谓一往有深情。"

王长史登茅山,大恸哭曰:"琅琊王伯舆,终当为情死!"

阮籍时率意独驾,不由路径,车迹所穷,辄痛哭而返。

深于情者,不仅对宇宙人生体会到至深的无名的哀感,扩而充之,可以成为耶稣、释迦的悲天悯人,就是快乐的体验也是深入肺腑,惊心动魄;浅俗薄情的人,不仅不能深哀,且不知所谓真乐:

王右军既去官,与东土人士营山水弋钓之乐。游名山,泛沧海,叹曰:"我卒当以乐死!"

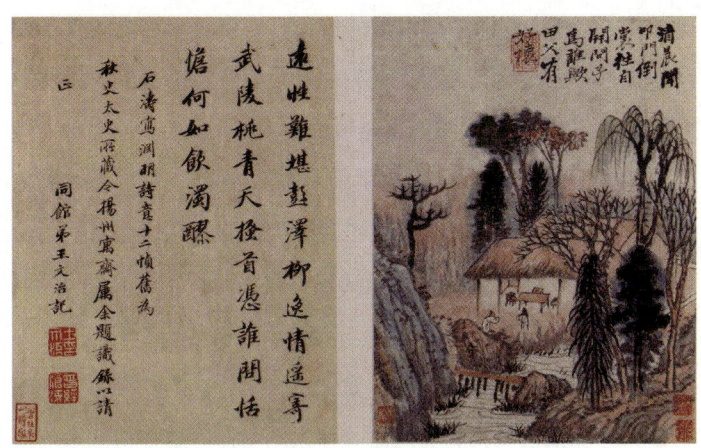

◎清　石涛　《渊明诗意册页》其十二

晋人富于这种宇宙的深情，所以在艺术文学上有那样不可企及的成就。顾恺之有三绝：画绝、才绝、痴绝。其痴尤不可及！陶渊明的纯厚天真与侠情，也是后人不能到处。

晋人向外发现了自然，向内发现了自己的深情。山水虚灵化了，也情致化了。陶渊明、谢灵运这般人的山水诗那样的好，是由于他们对于自然有那一股新鲜发现时身入化境浓酣忘我的趣味；他们随手写来，都成妙谛，境与神会，真气扑人。谢灵运的"池塘生春草"也只是新鲜自然而已。然而扩而大之，体而深之，就能构成一种泛神论宇宙观，作为艺术文学的基础。孙绰《天台山赋》云："恣语乐以终日，等寂默于不言，浑万象以冥观，兀同体于自然。"又云："游览既周，体静心闲，害马已去，世事都捐，投刃皆虚，目牛无全，凝想幽岩，朗咏长川。"在这种深厚的自然体验下，产生了王羲之的《兰亭序》，鲍照《登大雷岸寄妹书》，陶宏景、吴均的《叙景短札》，郦道元的《水经注》，这些都是最优美的写景文学。

四、我说魏晋时代人的精神是最哲学的，因为是最解放的、最自由的。支道林好鹤，往郯东岇山，有人遗其双鹤。少时翅长欲飞。支意惜之，乃铩其翮。鹤轩翥不复能飞，乃反顾翅垂头，视之如有懊丧之意。林曰："既有凌霄之姿，何肯为人作耳目近玩！"养令翮成，置使飞去。晋人酷爱自己精神的自由，才能推己及物，有这意义伟大的动作。这种精神上的真自由、真解放，才能把我们的胸襟像一朵花似地展开，接受宇宙和人生的全景，了解它的意义，体会它的深沉的境地。近代哲学上所谓"生命情调""宇宙意识"，遂在晋人这超脱的胸襟里萌芽起来（使这时代容易接受和了解佛教大乘思想）。卫玠初欲过江，形神惨悴，语左右曰："见此茫茫，不觉百端交集，苟未免有情，亦复谁能遣此？"后来初唐陈子昂《登幽州台歌》："前不见古人，后不见来者。念天地之悠悠，独怆然而涕下！"不是从这里脱化出来？而卫玠的一往情深，更令人心恸神伤，寄慨无穷。（然而孔子在川上，曰："逝者如斯夫，不舍昼夜！"则觉更哲学，更超然，气象更大。）

谢太傅与王右军曰："中年伤于哀乐，与亲友别，辄作数日恶。"

人到中年才能深切的体会到人生的意义、责任和问题，反省到人生的究竟，所以哀乐之感得以深沉。但丁的《神曲》起始于中年的徘徊歧路，是具有深意的。

桓温北征，经金城，见前为琅琊时种柳皆已十围，慨然曰："木犹如此，人何以堪？"攀条执枝，泫然流泪。

桓温武人，情致如此！庾子山著《枯树赋》，末尾引桓大司马曰："昔年种柳，依依汉南；今逢摇落，凄怆江潭，树犹如此，人何以堪？"他深感到桓温这话的凄美，把它敷演成一首四言的抒情小诗了。

◎宋　佚名　《枯树鸜鹆图》

然而王羲之的《兰亭》诗:"仰视碧天际,俯瞰渌水滨。寥阒无涯观,寓目理自陈。大哉造化工,万殊莫不均。群籁虽参差,适我无非新。"真能代表晋人这纯净的胸襟和深厚的感觉所启示的宇宙观。"群籁虽参差,适我无非新"两句尤能写出晋人以新鲜活泼自由自在的心灵领悟这世界,使触着的一切呈露新的灵魂、新的生命。于是"寓目理自陈",这理不是机械的陈腐的理,乃是活泼泼的宇宙生机中所含至深的理。王羲之另有两句诗云:"争先非吾事,静照在忘求。""静照"(comtemplation)是一切艺术及审美生活的起点。这里,哲学彻悟的生活和审美生活,源头上是一致的。晋人的文学艺术都浸润着这新鲜活泼的"静照在忘求"和"适我无非新"的哲学精神。大诗人陶渊明的"日暮天无云,春风扇微和","即事多所欣","良辰入奇怀",写出这丰厚的心灵"触着每秒光阴都成了黄金"。

五、晋人的"人格的唯美主义"和友谊的重视,培养成为一种高级社交文化如"竹林之游,兰亭禊集"等。玄理的辩论和人物的品藻是这社交的主要内容。因此谈吐措词的隽妙,空前绝后。晋人书札和小品文中隽句天成,俯拾即是。陶渊明的诗句和文句的隽妙,也是这"世说新语时代"的产物。陶渊明散文化的诗句又遥遥地影响着宋代散文化的诗派。苏、黄、米、蔡等人们的书法也力追晋人萧散的风致。但总嫌做作夸张,没有晋人的自然。

六、晋人之美，美在神韵（人称王羲之的字韵高千古）。神韵可说是"事外有远致"，不沾滞于物的自由精神（目送归鸿，手挥五弦）。这是一种心灵的美，或哲学的美，这种事外有远致的力量，扩而大之可以使人超然于死生祸福之外，发挥出一种镇定的大无畏的精神来：

谢太傅盘桓东山，时与孙兴公诸人泛海戏。风起浪涌，孙（绰）王（羲之）诸人色并遽，便唱使还。太傅神情方王，吟啸不言。舟人以公貌闲意说，犹去不止。既风转急浪猛，诸人皆喧动不坐。公徐曰："如此，将无归。"众人皆承响而回。于是审其量足以镇安朝野。

美之极，即雄强之极。王羲之书法人称其字势雄逸，如龙跳天门，虎卧凤阙。淝水的大捷植根于谢安这美的人格和风度中。谢灵运泛海诗"溟涨无端倪，虚舟有超越"，可以借来体会谢公此时的境界和胸襟。

枕戈待旦的刘琨，横江击楫的祖逖，雄武的桓温，勇于自新的周处、戴渊，都是千载下懔懔有生气的人物。桓温过王敦墓，叹曰："可儿！可儿！"心焉向往那豪迈雄强的个性，不拘泥于世俗观念，而赞赏"力"，力就是美。

庾道季说："廉颇，蔺相如虽千载上死人，懔懔如有生气。曹蜍，李志虽见在，厌厌如九泉下人。人皆如此，便可结绳而

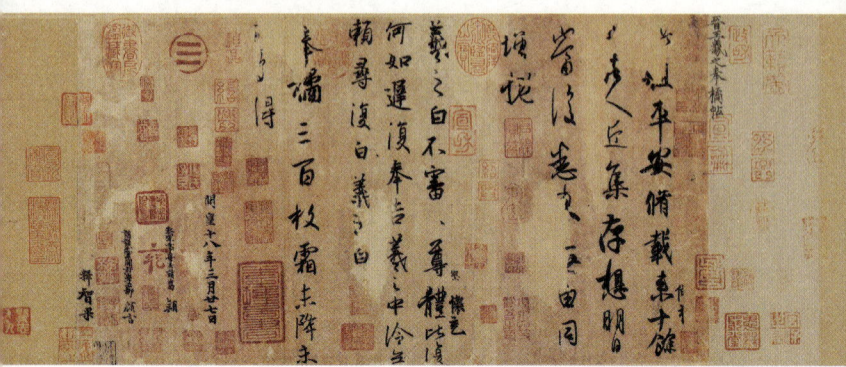

◎晋　王羲之　《平安何如奉橘三帖》（帖心）

治。但恐狐狸猣狢啖尽！"这话何其豪迈、沉痛。晋人崇尚活泼生气，蔑视世俗社会中的伪君子、乡原、战国以后二千年来中国的"社会栋梁"。

七、晋人韵美学是"人物的品藻"，引例如下：

　　王武子、孙子荆各言其土地之美。王云："其地坦而平，其水淡而清，其人廉且贞。"孙云："其山崔巍以嵯峨，其水㳍渫而扬波，其人磊砢而英多。"

　　桓大司马（温）病，谢公往省病，从东门入，桓公遥望叹曰："吾门中久不见如此人！"

　　嵇康身长七尺八寸，风姿特秀，见者叹曰："萧萧肃肃，爽朗清举。"或云："萧萧如松下风，高而徐引。"山公云："嵇叔夜之为人也，岩岩如孤松之独立，其醉也，傀俄若玉山之将崩!"

海西时,诸公每朝,朝堂犹暗,唯会稽王来,轩轩如朝霞举。

谢太傅问诸子侄:"子弟亦何预人事,而正欲其佳?"诸人莫有言者。车骑(谢玄)答曰:"譬如芝兰玉树,欲使其生于阶庭耳。"

人有叹王恭形茂者,曰:"濯濯如春月柳。"

刘尹云:"清风朗月,辄思玄度。"

拿自然界的美来形容人物品格的美,例子举不胜举。这两方面的美——自然美和人格美——同时被魏晋人发现。人格美的推重已滥觞于汉末,上溯至孔子及儒家的重视人格及其气象。"世说新语时代"尤沉醉于人物的容貌、器识、肉体与精神的美。所以"看杀卫玠",而王羲之——他自己被时人目为"飘如游云,矫如惊龙"——见杜弘治叹曰:"面如凝脂,眼如点漆,此神仙中人也!"

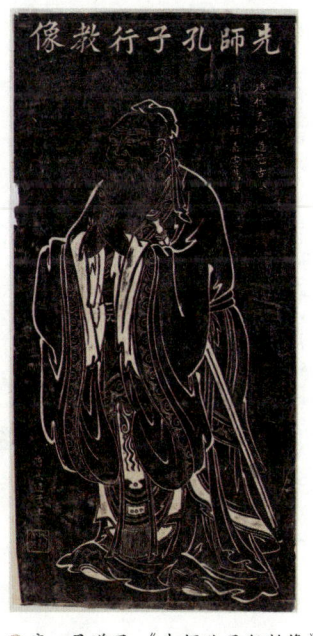

◎ 唐 吴道子 《先师孔子行教像》

人文之美 029

而女子谢道韫亦神情散朗,奕奕有林下风。根本《世说》里面的女性多能矫矫脱俗,无脂粉气。

总前言之,这是中国历史上最有生气,活泼爱美,美的成就极高的一个时代。美的力量是不可抵抗的,见下一段故事:

> 桓宣武平蜀,以李势妹为妾,甚有宠,尝著斋后。主(温尚明帝女南康长公主)始不知,既闻,与数十婢拔白刃袭之。正值李梳头,发委藉地,肤色玉曜,不为动容,徐徐结发,敛手向主,神色闲正,辞甚凄惋,曰:"国破家亡,无心至此,今日若能见杀,乃是本怀!"主于是掷刀前抱之:"阿子,我见汝亦怜,何况老奴!"遂善之。

话虽如此,晋人的美感和艺术观,就大体而言,是以老庄哲学的宇宙观为基础,富于简淡、玄远的意味,因而奠定了一千五百年来中国美感——尤以表现于山水画、山水诗的基本趋向。

中国山水画的独立,起源于晋末。晋宋山水画的创作,自始即具有"澄怀观道"的意趣。画家宗炳好山水,凡所游历,皆图之于壁,坐卧向之,曰:"老病俱至,名山恐难遍游,惟当澄怀观道,卧以游之。"他又说:"圣人含道应物,贤者澄怀味像;人以神法道而贤者通,山水以形媚道而仁者乐。"他这所谓"道",就是这宇宙里最幽深最玄远却又弥纶万物的生

◎南宋　赵伯驹　《莲舟新月图》

命本体。东晋大画家顾恺之也说绘画的手段和目的是"迁想妙得"。这"妙得"的对象也即是那深远的生命,那"道"。

中国绘画艺术的重心——山水画,开端就富于这玄学意味(晋人的书法也是这玄学精神的艺术),它影响着一千五百年,使中国绘画在世界上成一独立的体系。

他们的艺术的理想和美的条件是一味绝俗。庾道季见戴安道所画行像,谓之曰:"神明太俗,由卿世情未尽!"以戴安道之高,还说是世情未尽,无怪他气得回答说:"唯务光当免卿此语耳!"

然而也足见当时美的标准树立得很严格,这标准也就一直是后来中国文艺批评的标准:"雅""绝俗"。

这唯美的人生态度还表现于两点,一是把玩"现在",在刹那的现量的生活里求极量的丰富和充实,不为着将来或过去

而放弃现在价值的体味和创造:

> 王子猷尝暂寄人空宅住,便令种竹。或问:"暂住何烦尔?"王啸咏良久,直指竹曰:"何可一日无此君!"

二则美的价值是寄于过程的本身,不在于外在的目的,所谓"无所为而为"的态度。

◎宋 文同 《墨竹图》

王子猷居山阴,夜大雪,眠觉开室命酌酒,四望皎然,因起彷徨,咏左思《招隐》诗。忽忆戴安道;时戴在剡,即便乘小船就之。经宿方至,造门不前而返。人问其故,王曰:"吾本乘兴而来,兴尽而返,何必见戴?"

这截然地寄兴趣于生活过程的本身价

值而不拘泥于目的,显示了晋人唯美生活的典型。

八、晋人的道德观与礼法观。孔子是中国二千年礼法社会和道德体系的建设者。创造一个道德体系的人,也就是真正能了解这道德的意义的人。孔子知道道德的精神在于诚,在于真性情,真血性,所谓赤子之心。扩而充之,就是所谓"仁"。一切的礼法,只是它托寄的外表。舍本执末,丧失了道德和礼法的真精神真意义,甚至于假借名义以便其私,那就是"乡原",那就是"小人之儒"。这是孔子所深恶痛绝的。孔子曰:"乡原,德之贼也。"又曰:"女为君子儒,无为小人儒!"他更时常警告人们不要忘掉礼法的真精神真意义。他说:"人而不仁如礼何?人而不仁如乐何?"子于是日哭,则不歌。食于丧者之侧,未尝饱也。这伟大的真挚的同情心是他的道德的基础。他痛恶虚伪。他骂"巧言令色鲜矣仁!"他骂"礼云、礼云,玉帛云乎哉!"然而孔子死后,汉代以来,孔子所深恶痛绝的"乡原"支配着中国社会,成为"社会栋梁",把孔子至大至刚、极高明的中庸之道化成弥漫社会的庸俗主义、妥协主义、折中主义、苟安主义,孔子好像预感到这一点,他所以极力赞美狂狷而排斥乡原。他自己也能超然于礼法之表追寻活泼的真实的丰富的人生。他的生活不但"依于仁",还要"游于艺"。他对于音乐有最深的了解并有过最美妙、最简洁而真切的形容。他说:

乐,其可知也!始作,翕如也。从之,纯如也。皦如也。绎如也。以成。

他欣赏自然的美,他说:"仁者乐山,智者乐水。"

他有一天问他几个弟子的志趣。子路、冉有、公西华都说过了,轮到曾点,他问道:

"点,尔何如?"鼓瑟希,铿尔,舍瑟而作,对曰:"异乎三子者之撰!"子曰:"何伤乎?亦各言其志也。"曰:"莫春者,春服既成,冠者五六人,童子六七人,浴乎沂,风乎舞雩,咏而归!"

夫子喟然叹曰:"吾与点也!"

◎南宋 马远 《孔子像》

孔子这超然的、蔼然的、爱美爱自然的生活态度,我们在晋人王羲之的《兰亭序》和陶渊明的田园诗里见到遥遥嗣响的人,汉代的俗儒钻进利禄之途,乡原满天下。魏晋人以狂狷来反抗这乡原的社会,反抗这桎梏性灵的礼教和士大夫阶层的庸俗，向自己的真性情、真血性里掘发人生的真意义、真道德。他们不惜拿自己的生命、地位、名誉来冒犯统治阶级的奸雄假借礼教以维持权位的恶势力。曹操拿"败伦乱俗，讪谤惑众，大逆不道"的罪名杀孔融。司马昭拿"无益于今，有败于俗，乱群惑众"的罪名杀嵇康。阮籍佯狂了，刘伶纵酒了，他们内心的痛苦可想而知。这是真性情、真血性和这虚伪的礼法社会不肯妥协的悲壮剧。这是一班在文化衰堕时期替人类冒险争取真实人生真实道德的殉道者。他们殉道时何等的勇敢，从容而美丽：

　　嵇康临刑东市，神气不变，索琴弹之，奏广陵散，曲终曰："袁孝尼尝请学此散，吾靳固不与，广陵散于今绝矣！"

◎明　唐寅　《山水人物册页》其五

以维护伦理自命的曹操枉杀孔融,屠杀到孔融七岁的小女、九岁的小儿,谁是真的"大逆不道"者?

道德的真精神在于"仁",在于"恕",在于人格的优美。《世说》载:

> 阮光禄(裕)在剡,曾有好车,借者无不皆给。有人葬母,意欲借而不敢言。阮后闻之,叹曰:"吾有车而使人不敢借,何以车为?"遂焚之。

这是何等严肃的责己精神!然而不是由于畏人言,畏于礼法的责备,而是由于对自己人格美的重视和伟大同情心的流露。

> 谢奕作剡令,有一老翁犯法,谢以醇酒罚之,乃至过醉,而犹未已。太傅(谢安)时年七八岁,着青布绔,在兄膝边坐,谏曰:"阿兄,老翁可念,何可作此!"奕于是改容,曰:"阿奴欲放去耶?"遂遣之。

谢安是东晋风流的主脑人物,然而这天真仁爱的赤子之心实是他伟大人格的根基。这使他忠诚谨慎地支持东晋的危局至于数十年。淝水之役,苻坚发戎卒六十余万、骑二十七万,大举入寇,东晋危在旦夕。谢安指挥若定,遣谢玄等以八万兵一举破之。苻坚风声鹤唳,草木皆兵,仅以身免。这是军事史上空前的战绩,诸葛亮在蜀没有过这样的胜利!

一代枭雄,不怕遗臭万年的桓温,也不缺乏这英雄的博大的同情心:

> 桓公入蜀,至三峡中,部伍中有得猿子者,其母缘岸哀号,行百余里不去,遂跳上船,至便即绝。破视其腹中,肠皆寸寸断。公闻之,怒,命黜其人。

晋人既从性情的真率和胸襟的宽仁建立他的新生命,摆脱礼法的空虚和顽固,他们的道德教育遂以人格的感化为主。我们看谢安这段动人的故事:

> 谢虎子尝上屋熏鼠。胡儿(虎子之子)既无由知父为此事,闻人道痴人有作此者,戏笑之。时道此非复一过。太傅既了己(指胡儿自己)之不知,因其言次语胡儿曰:"世人以此谤中郎(虎子),亦言我共作此。"胡儿懊热,一月,日闭斋不出。太傅虚托引己之过,必相开悟,可谓德教。

我们现代有这样精神伟大的教育家吗?所以:

> 谢公夫人教儿,问太傅:"那得初不见公教儿?"答曰:"我

○明　唐寅　《山水人物册页》其十

常自教儿！"

这正是像谢公称赞褚季野的话："褚季野虽不言，而四时之气亦备！"

他确实在教，并不姑息，但他着重在体贴入微的潜移默化，不欲伤害小儿的羞耻心和自尊心：

谢玄少时好着紫罗香囊垂覆手。太傅患之，而不欲伤其意；乃谲与赌，得即烧之。

这态度多么慈祥，而用意又何其严格！谢玄为东晋立大功，救国家于垂危，足见这教育精神和方法的成绩。

当时文俗之士所最仇疾的阮籍，行动最为任诞，蔑视礼法也最为彻底。然而正在他身上我们看出这新道德运动的意义和目标。这目标就是要把道德的灵魂重新筑在热情和率真之上，摆脱陈腐礼法的外形。因为这礼法已经丧失了它的真精神，变成阻碍生机的桎梏，被奸雄利用作政权工具，借以锄杀异己。（曹操杀孔融）

阮籍当葬母，蒸一肥豚，饮酒二斗，然后临诀。直言"穷矣！"举声一号，吐血数升，废顿良久。

他拿鲜血来灌溉道德的新生命！他是一个壮伟的丈夫。容貌瑰杰，志气宏放，傲然独得，任性不羁，当其得意，忽忘形骸，"时人多谓之痴"。这样的人，无怪他的诗"旨趣遥深，反覆零乱，兴寄无端，和愉哀怨，杂集于中"。他的咏怀诗是《古诗十九首》以后第一流的杰作。他的人格坦荡谆至，虽见嫉于士大夫，却能见谅于酒保：

阮公邻家妇有美色，当垆沽酒。阮与王安丰常从妇饮酒。阮醉便眠其妇侧。夫始殊疑之，伺察终无他意。

这样解放的自由的人格是洋溢着生命，神情超迈，举止历落，态度恢廓，胸襟潇洒：

王司州（修龄）在谢公坐，咏"入不言兮出不辞，乘回风兮载云旗！"（九歌句）语人云："'当尔时'觉一坐无人！"

桓温读《高士传》，至于陵仲子，便掷去曰："谁能作此溪刻自处。"这不是善恶之彼岸的超然的美和超然的道德吗？

"振衣千仞冈，濯足万里流！"晋人用这两句诗写下他的千古风流和不朽的豪情！

先秦工艺美术和中国古代哲学、文学中所表现的美学思想

一、把哲学、文学著作和工艺品、美术品联系起来研究

中国先秦出了许多著名的哲学家。他们不可能不谈到美的问题,也不可能不发表对于艺术的见解。尤其是庄子,往往喜欢用艺术做比喻说明他的思想。孔子也曾经用绘画来喻礼,用雕刻来比喻教育,孟子对美下了定义。《吕氏春秋》《淮南子》谈到音乐。《礼记·乐记》更提供了一个相当完整的美学思想体系。

但是仅仅限于文字,我们对于这些古代思想家的美学思想往往了解得不具体,因而不深刻,我们应该结合古代的工艺品、美术品来研究。例如,结合汉代壁画和古代建筑来理解汉朝人的赋,结合发掘出来的编钟来理解古代的乐律,结合楚墓中极其艳丽的图案来理解《楚辞》的美,等等。这种结合研究所以是必要的,一方面是因为古代劳动人民创造工艺品时不单表现了高度技巧,而且表现了他们的艺术构思和美的理想(表

现了工匠自己的美学思想)。像马克思所说,他们是按照美的规律来创造的。另方面是因为古代哲学家的思想,无论在表面上看来是多么虚幻(如庄子),但严格讲起来都是对当时现实社会,对当时的实际的工艺品、美术品的批评。因此脱离当时的工艺美术的实际材料,就很难透彻理解他们的真实思想。

恩格斯说过:"原则不是研究的出发点,而是它的最终结果;这些原则不是被应用于自然界和人类历史,而是从它们中抽象出来的;不是自然界和人类去适应原则,而是原则只有在适合于自然界历史的情况下才是正确的。"[1] 毛主席也说:"我们

◎编钟

---

1 《反杜林论》,人民出版社1972年版,第32页。

讨论问题，应当从实际出发，不是从定义出发。"[1]我们现在来研究中国美学史，应该努力运用经典作家所指示的这种理论联系实际的科学的研究方法。

二、错采镂金的美和芙蓉出水的美

鲍照比较谢灵运的诗和颜延之的诗，谓谢诗如"初发芙蓉，自然可爱"，颜诗则是"铺锦列绣，雕缋满眼"。《诗品》："汤惠休曰：谢诗如芙蓉出水，颜诗如错采镂金。颜终身病之。"（见钟嵘《诗品》、《南史·颜延之传》）这可以说是代表了中国美学史上两种不同的美感或美的理想。

这两种美感或美的理想，表现在诗歌、绘画、工艺美术等各个方面。

楚国的图案、楚辞、汉赋、六朝骈文、颜延之诗、明清的瓷器，一直存在到今天的刺绣和京剧的舞台服装，这是一种美，"镂金错采，雕缋满眼"的美。汉代的铜器陶器，王羲之的书法，顾恺之的画，陶潜的诗，宋代的白瓷，这又是一种美，"初发芙蓉，自然可爱"的美。

魏晋六朝是一个转变的关键，划分了两个阶段。从这个时候起，中国人的美感走到了一个新的方面，表现出一种新的美

---

1 《毛泽东选集》第3卷，人民出版社1966年版，第875页。

◎青铜器

的理想。那就是认为"初发芙蓉"比之于"镂金错采"是一种更高的美的境界。在艺术中,要着重表现自己的思想,自己的人格,而不是追求文字的雕琢。陶潜作诗和顾恺之作画,都是突出的例子。王羲之的字,也没有汉隶那么整齐,那么有装饰性,而是一种"自然可爱"的美。这是美学思想上的一个大的解放。诗、书、画开始成为活泼泼的生活的表现,独立的自我表现。

这种美学思想的解放在先秦哲学家那里就有了萌芽。从三代铜器那样整齐严肃、雕工细密的图案,我们可以推知先秦诸子所处的艺术环境是一个"镂金错采、雕缋满眼"的世界。先秦诸子对于这种艺术境界各自采取了不同的态度。一种是对这种艺术取否定的态度。如墨子,认为是奢侈、骄横、剥削的表现,使人民受痛苦,对国家没有好处,所以他"非乐",即反对一切艺术。又如老、庄,也否定艺术。庄子重视精神,轻视物质表现。老子说:"五音令人耳聋,五色令人目盲。"另一种对这种艺术取肯定的态度,这就是孔、孟一派。艺术表现在礼器上，乐器上，孔孟是尊重礼乐的。但他们也并非盲目受礼乐控制，而要寻求礼乐的本质和根源，进行分析批判。总之，不论肯定艺术还是否定艺术，我们都可以看到一种批判的态度，一种思想解放的倾向。这对后来的美学思想，有极大的影响。

但是实践先于理论，工匠艺术家更要走在哲学家的前面。先在艺术实践上表现出一个新的境界，才有概括这种新境界的理论。现在我们有一个极珍贵的出土铜器，证明早于孔子一百多年，就已从"镂金错采、雕缋满眼"中突出一个活泼、生动、自然的形象，成为一种独立的表现，把装饰、花纹、图案丢在脚下了。这个铜器叫"莲鹤方壶"。它从真实自然界取材，不但有跃跃欲动的龙和螭，而且还出现了植物：莲花瓣。表示了春秋之际造型艺术要从装饰艺术独立出来的倾向。尤其顶上站着一个张翅的仙鹤，象征着一个新的精神，一个自由解放的时代（原陈列故宫太和殿，现陈列历史博物馆）。

◎莲鹤方壶

郭沫若对于此壶曾作了很好的论述：

此壶全身均浓重奇诡之传统花纹,予人以无名之压迫,几可窒息。乃于壶盖之周骈列莲瓣二层,以植物为图案,器在秦汉以前者,已为余所仅见之一例。而于莲瓣之中央复立一清新俊逸之白鹤,翔其双翅,单其一足,微隙其喙作欲鸣之状,余谓此乃时代精神之一象征也。此鹤初突破上古时代之鸿蒙,正踌躇满志,睥睨一切,践踏传统于其脚下,而欲作更高更远之飞翔。此正春秋初年由殷周半神话时代脱出时,一切社会情形及精神文化之一如实表现。(《殷周青铜器铭文研究》)

这就是艺术抢先表现了一个新的境界,从传统的压迫中跳出来。对于这种新境界的理解,便产生出先秦诸子的解放的思想。

上述两种美感,两种美的理想,在中国历史上一直贯穿下来。

六朝的镜铭:"鸾镜晓匀妆,慢把花钿饰,真如绿水中,一朵芙蓉出。"(《金石索》)在镜子的两面就表现了两种不同的美。后来宋词人李德润也有这样的句子:"强整娇姿临宝镜,小池一朵芙蓉。"被况周颐评为"佳句"(《蕙风词话》)。

钟嵘很明显赞美"初发芙蓉"的美。唐代更有了发展。唐初四杰,还继承了六朝之华丽,但已有了一些新鲜空气。经陈子昂到李太白,就进入了一个精神上更高的境界。李太白诗:"清水出芙蓉,天然去雕饰。""自从建安来,绮丽不足珍。圣代复元古，垂衣贵清真。""清真"也就是清水出芙蓉的境界。杜甫也有"直取性情真"的诗句。司空图《诗品》虽也主张雄浑的美，但仍倾向于"清水出芙蓉"的美："生气远出"，"妙造自然"。宋代苏东坡用奔流的泉水来比喻诗文。他要求诗文的境界要"绚烂之极归于平淡"，即不是停留在工艺美术的境界，而要上升到表现思想情感的境界。平淡并不是枯淡，中国向来把"玉"作为美的理想。玉的美，即"绚烂之极归于平淡"的美。可以说，一切艺术的美，以至于人格的美，都趋向玉的美，内部有光采，但是含蓄的光采，这种光采是极绚烂，又极平淡。苏轼又说："无穷出清新。""清新"与"清真"也是同样的境界。

清代刘熙载《艺概》也认为这两种美应"相济有功"，即形式的美与思想情感的表现结合，要有诗人自己的性格在内。近代王国维《人间词话》提出诗的"隔"与"不隔"之分。清真清新如陶、谢便是"不隔"，雕缋雕琢如颜延之便是"隔"。"池

◎五代　南唐　顾德谦《莲池水禽》

塘生春草"好处就在"不隔"。而唐代李商隐的诗则可说是一种"隔"的美。

这条线索，一直到现在还是如此。我们京剧舞台上有浓厚的彩色的美，美丽的线条，再加上灯光，十分动人。但艺术家不停留在这境界，要如仙鹤高飞，向更高的境界走，表现出生活情感来。我们人民大会堂的美也可以说是绚烂之极归于平淡。这是美感的深度问题。

这两种美的理想，从另一个角度看，正是艺术中的美和真、善的关系问题。

艺术的装饰性，是艺术中美的部分。但艺术不仅满足美的要求，而且满足思想的要求，要能从艺术中认识社会生活、社会阶级斗争和社会发展规律。艺术品中本来有这两个部分：思想性和艺术性。真、善、美，这是统一的要求。片面强调美，就走向唯美主义；片面强调真，就走向自然主义。这种关系，在古代艺术家（工匠）那里，主要就是如何把统治阶级的政治含义表现美，即把器具装饰起来以达到政治的目的。另方面，当时的哲学家、思想家在对于这些实际艺术品的批判时，也就提供了关于美同真、善的关系的不同见解。如孔子批判其过分装饰，而要求教育的价值；老庄讲自然，根本否定艺术，要求放弃一切的美，归真返朴；韩非子讲法，认为美使人心动摇、浪漫，应该反对；墨子反对音乐，认为音乐引导统治阶级奢侈、不顾人民痛苦，认为美和善是相违反的。

艺术之美

艺术与中国社会[1]

> 依于仁,游于艺。
>
> ——孔子

孔子说"兴于诗,立于礼,成于乐"[2],这三句话挺简括地说出孔子的文化理想、社会政策和教育程序。王弼解释得好:"言为政之次序也:夫喜惧哀乐,民之自然,感应而动,而发乎诗歌。所以陈诗采谣,以知民志风。既见其风,则损益基焉。故因俗立志,以达其礼也。矫俗检刑,民心未化,故感以乐声,以和其神也。"中国古代的社会文化与教育是拿诗书礼乐做基础的。《礼记·王制》:"乐正崇四术,立四教……春秋教以礼乐,冬夏教以诗书。"教育的主要工具、门径和方法是艺术文学。

---

1 原载南京《学识》杂志,第1卷第12期,1947年10月出版。
2 《论语·泰伯》

艺术的作用是能以感情动人，潜移默化培养社会民众的性格品德于不知不觉之中，深刻而普遍。尤以诗和乐能直接打动人心，陶冶人的性灵人格。而"礼"却在群体生活的和谐与节律中，养成文质彬彬的动作、步调的整齐、意志的集中。中国人在天地的动静、四时的节律、昼夜的来复、生长老死的绵延，感到宇宙是生生而具条理的。这"生生而条理"就是天地运行的大道，就是一切现象的体和用。孔子在川上曰："逝者如斯夫，不舍昼夜！"[1]最能表现出中国人的这种"观吾生，观其生"（易观卜辞）的风度和境界。这种最高度的把握生命，和最深度的体验生命的精神境界，具体地贯注到社会实际生活里，使生活端庄流丽，成就了诗书礼乐的文化。但这境界，这"形而上的道"，也同时要能贯彻到"形而下的器"。器是人类生活的日用工具。人类能仰观俯察，构成宇宙观，会通形象物理，才能创作器皿，以为人生之用。器是离不开人生的。而人也成了离不开器皿工具的生物。而人类社会生活的高峰，礼和乐的生活，乃寄托和表现于礼器乐器。

礼和乐是中国社会的两大柱石。"礼"构成社会生活里的秩序条理。礼好像画上的线纹勾出事物的形象轮廓，使万象昭然有序。孔子曰："绘事后素。""乐"涵润着群体内心的和谐与团结力。然而礼乐的最后根据，在于形而上的天地境界。

---

1 《论语·子罕》

《礼记》上说：

> 礼者，天地之序也；乐者，天地之和也。

人生里面的礼乐负荷着形而上的光辉，使现实的人生启示着深一层的意义和美。礼乐使生活上最实用的、最物质的衣食住行及日用品，升华进端庄流丽的艺术领域。三代的各种玉器，是从石器时代的石斧石磬等，升华到圭璧等等的礼器乐器。三代的铜器，也是从铜器时代的烹调器及饮器等，升华到国家的至宝。而它们艺术上的形体之美、式样之美、花纹之美、色泽之美、铭文之美，集合了画家书家雕塑家的设计与模型，由冶铸家的技巧，而终于在圆满的器形上，表出民族的宇宙意识（天地境界）、生命情调，以至政治的权威，社会的亲和力。在中国文化里，从最低层的物质器皿，穿过礼乐生活，直达天地境界，是一片混然无间，灵肉不二的大和谐、大节奏。

因为中国人由农业进于文化，对于大自然是"不隔"的，是父子亲和的关

◎青铜器

系，没有奴役自然的态度。中国人对他的用具（石器铜器），不只是用来控制自然，以图生存，他更希望能在每件用品里面，表出对自然的敬爱，把大自然里启示着的和谐、秩序，它内部的音乐、诗，表显在具体而微的器皿中。一个鼎要能表象天地人。

《诗绎》里说：诗者，天地之心。《乐记》里说：大乐与天地同和……[1]《孟子》曰：君子……上下与天地同流。中国人的个人人格、社会组织以及日用器皿，都希望能在美的形式中，作为形而上的宇宙秩序，与宇宙生命的表征。这是中国人的文化意识，也是中国艺术境界的最后根据。

孔子是替中国社会奠定了"礼"的生活的。礼器里的三代彝鼎，是中国古典文学与艺术的观摩对象。铜器的端庄流丽，是中国建筑风格，汉赋唐律，四六文体，以至于八股文的理想典范。它们都倾向于对称、比例、整齐、协和之美。然而，玉质坚贞与温润，他们的色泽的空灵幻美，却领导着中国的玄思，趋向精神人格之美的表现。它的影响，显示于中国伟大的人文画里。文人画的最高境界，是玉的境界。倪云林画可以代表。不但古之君子比德于玉，中国的画、瓷器、书法、诗、七弦琴，都以精光内敛、温润如玉的美为意象。

然而，孔子更进一步求"礼之本"。礼之本在仁，在于

---

[1]《乐记·乐论》："大乐与天地同和，大礼与天地同节。"

◎清 邹一桂 《蟠桃图》

音乐的精神。理想的人格，应该是一个"音乐的灵魂"。刘向《说苑》里有这么一段记载：

> 孔子至齐郭门外，遇婴儿，其视精，其心正，其行端。孔子曰："趣驱之，趣驱之，韶乐将作！"

他在一个婴儿的灵魂里，听到他素所仰慕的韶乐将作。孔子在齐闻韶，三月不知肉味。《说苑》上这段记载，虽未必可靠，却是极有意义。可以想见孔子酷爱音乐的事迹已经谣传成为神话了。

社会生活的真精神在于亲爱精诚的团结，最能发扬和激励团结精神的是音乐！音乐使我们步调整齐，意志集中，团结的行动有力而美。中国人感到宇宙全体是大生命的流行，其本身就是节奏与和谐。人类社会生活里的礼和乐，反射着天地的节奏与和谐。

但西洋文艺自希腊以来所富有的"悲剧精神"，在中国艺术里，却得不到充分的发挥，且往往被拒绝和闪躲。人性由剧烈的内心矛盾才能掘发出的深度，往往被浓挚的和谐愿望所淹没。固然，中国人心灵里并不缺乏他雍穆和平大海似的幽深，然而，由心灵的冒险，不怕悲剧，以窥探宇宙人生的危岩雪岭，发而为莎士比亚的悲剧、贝多芬的乐曲，这却是西洋人生波澜壮阔的造诣！

论文艺的空灵与充实[1]

周济（止庵）《宋四家词选》里论作词云："初学词求空，空则灵气往来！既成格调，求实，实则精力弥满。"

孟子曰："充实之谓美。"

从这两段话里可以建立一个文艺理论，试一述之。先看文艺是什么？画下面一个图来说明：

1　原载《文艺月刊》1943年第5期。又刊《观察》第1卷第6期，1946年10月5日出版。

一切生活部门都有技术方面，想脱离苦海求出世间法的宗教家，当他修行证果的时候，也要有程序、步骤、技术，何况物质生活方面的事件？技术直接处理和活动的范围是物质界。它的成绩是物质文明，经济建筑在生产技术的上面，社会和政治又建筑在经济上面。然经济生产有待于社会的合作和组织，社会的推动和指导有待于政治力量。政治支配着社会，调整着经济，能主动，不必尽为被动的。这因果作用是相互的。政与教又是并肩而行，领导着全体的物质生活和精神生活。古代政教合一，政治的领袖往往同时是大教主、大祭师。现代政治必须有主义做基础，主义是现代人的宇宙观和信仰。然而信仰已经是精神方面的事，从物质界、事务界伸进精神界了。

人之异于禽兽者有理性、有智慧，他是知行并重的动物。知识研究的系统化，成科学。综合科学知识和人生智慧建立宇宙观、人生观，就是哲学。

哲学求真，道德或宗教求善，介乎二者之间表达我们情绪中的深境和实现人格的谐和的是"美"。

文学艺术是实现"美"的。文艺从它左邻"宗教"获得深厚热情的灌溉，文学艺术和宗教携手了数千年，世界最伟大的建筑雕塑和音乐多是宗教的。第一流的文学作品也基于伟大的宗教热情。《神曲》代表着中古的基督教。《浮士德》代表着近代人生的信仰。

◎明 丁云鹏 《五相观音图卷》（局部）

文艺从它的右邻"哲学"获得深隽的人生智慧、宇宙观念，使它能执行"人生批评"和"人生启示"的任务。

艺术是一种技术，古代艺术家本就是技术家（手工艺的大匠）。现代及将来的艺术也应该特重技术。然而他们的技术不只是服役于人生（像工艺），而是表现着人生，流露着情感个性和人格的。

生命的境界广大，包括着经济、政治、社会、宗教、科学、哲学。这一切都能反映在文艺里。然而文艺不只是一面镜子，映现着世界，且是一个独立的自足的形相创造。它凭着韵律、节奏、形式的和谐、彩色的配合，成立一个自己的有情有相的小宇宙；这宇宙是圆满的、自足的，而内部一切都是必然性的，因此是美的。

文艺站在道德和哲学旁边能并立而无愧。它的根基却深深地植在时代的技术阶段和社会政治的意识上面，它要有土腥气，要有时代的血肉，纵然它的头须伸进精神的光明的高超的天空，指示着生命的真谛、宇宙的奥境。

文艺境界的广大，和人生同其广大；它的深邃，和人生同其深邃。这是多么丰富、充实！孟子曰："充实之谓美。"这话当作如是观。

然而它又需超凡入圣，独立于万象之表，凭它独创的形相，范铸一个世界，冰清玉洁，脱尽尘滓，这又是何等的空灵？

空灵和充实是艺术精神的两元，先谈空灵！

一、空灵

艺术心灵的诞生，在人生忘我的一刹那，即美学上所谓"静照"。静照的起点在于空诸一切，心无挂碍，和世务暂时绝缘。这时一点觉心，静观万象，万象如在镜中，光明莹洁，而各得其所，呈现着它们各自的充实的、内在的、自由的生命，所谓万物静观皆自得。这自得的、自由的各个生命在静默里吐露光辉。

苏东坡诗云：

> 静故了群动,
> 空故纳万境。

王羲之云:

> 从山阴道上行,
> 如在镜中游。

空明的觉心,容纳着万境,万境浸入人的生命,染上了人的性灵。所以周济说:"初学词求空,空则灵气往来。"灵气往来是物象呈现着灵魂生命的时候,是美感诞生的时候。

所以美感的养成在于能空,对物象造成距离,使自己不沾不滞,物象得以孤立绝缘,自成境界:舞台的帘幕,图画的框廓,雕像的石座,建筑的台阶、栏干,诗的节奏、韵脚,从窗户看山水,黑夜笼罩下的灯火街市,明月下的幽淡小景,都是在距离化、间隔化条件下诞生的美景。

李方叔词《虞美人》过拍云:"好风如扇雨如帘,时见岸花汀草涨痕添。"

李商隐词:"画檐簪柳碧如城,一帘风雨里,过清明。"

风风雨雨也是造成间隔化的好条件,一片烟水迷离的景象是诗境,是画意。

中国画堂的帘幕是造成深静的词境的重要因素,所以词中

◎明　沈贞　《竹炉山房》

常爱提到。韩持国的词句："燕子渐归春悄，帘幕垂清晓。"

况周颐评之曰："境至静矣，而此中有人，如隔蓬山，思之思之，遂由静而见深。"

董其昌曾说："摊烛下作画，正如隔帘看月，隔水看花！"他们懂得"隔"字在美感上的重要。

然而这还是依靠外界物质条件造成的"隔"。更重要的还是心灵内部方面的"空"。司空图《诗品》里形容艺术的心灵当如"空潭泻春，古镜照神"，形容艺术人格为"落花无言，人淡如菊"，"神出古异，淡不可收"。艺术的造诣当"遇之匪深，即之愈稀"，"遇之自天，泠然希音"。

精神的淡泊，是艺术空灵化的基本条件。欧阳修说得最好："萧条淡泊，此难画之意，画家得之,览者未必识也。故飞动迟速,意浅之物易见,而闲和严静,趣远之心难形。"萧条淡泊,闲和严静,是艺术人格的心襟气象。这心襟,这气象能令人"事外有远致",艺术上的神韵油然而生。陶渊明所爱的"素心人",指的是这境界。他的一首《饮酒》诗更能表出诗人这方面的精神状态:

> 结庐在人境,
> 而无车马喧。
> 问君何能尔,
> 心远地自偏。
> 采菊东篱下,
> 悠然见南山。
> 山气日夕佳,
> 飞鸟相与还。
> 此中有真意,
> 欲辨已忘言。

陶渊明爱酒,晋人王蕴说:"酒正使人人自远。""自远"是心灵内部的距离化。

然而"心远地自偏"的陶渊明才能悠然见南山,并且体会到"此中有真意,欲辨已忘言"。可见艺术境界中的空并不是真正的空,乃是由此获得"充实",由"心远"接近到

"真意"。

晋人王荟说得好,"酒正引人着胜地",这使人人自远的酒正能引人着胜地。这胜地是什么?不正是人生的广大、深邃和充实?于是谈"充实"!

二、充实

尼采说艺术世界的构成由于两种精神:一是"梦",梦的境界是无数的形象(如雕刻);一是"醉",醉的境界是无比的豪情(如音乐)。这豪情使我们体验到生命里最深的矛盾、广大的复杂的纠纷。"悲剧"是这壮阔而深邃的生活的具体表现。所以西洋文艺顶推重悲剧。悲剧是生命充实的艺术。西洋文艺爱气象宏大、内容丰满的作品。荷马、但丁、莎士比亚、塞万提斯、歌德,直到近代的雨果、巴尔扎克、斯丹达尔、托尔斯泰等,莫不启示一个悲壮而丰实的宇宙。

歌德的生活经历着人生各种境界,充实无比。杜甫的诗歌最为沉着深厚而有力,也是由于生活经验的充实和情感的丰富。

周济论词空灵以后主张:"求实,实则精力弥满。精力弥满则能赋情独深,冥发妄中,虽铺叙平淡,摹绘浅近,而万感横集,五中无主,读其篇者,临渊窥鱼,意为鲂鲤,中宵惊电,罔识东西,赤子随母啼笑,乡人缘剧喜怒。"这话真能形

◎元 黄公望 《快雪时晴图》（局部）

容一个内容充实的创作给我们的感动。

司空图形容这壮硕的艺术精神说："天风浪浪，海山苍苍。真力弥满，万象在旁。""返虚入浑，积健为雄。""生气远出，不着死灰。妙造自然，伊谁与裁。""是有真宰，与之浮沉。""吞吐大荒，由道反气。""与道适往，着手成春。""行神如空，行气如虹！"艺术家精力充实，气象万千，艺术的创造追随真宰的创造。

黄子久（元代大画家）终日只在荒山乱石、丛木深筱中坐，意态忽忽，人不测其为何。又每往泖中通海处看急流轰浪，虽风雨骤至，水怪悲诧而不顾。

他这样沉酣于自然中的生活，所以他的画能"沉郁变化，与造化争神奇"。六朝时宗炳曾论作画云"万趣融其神思"，不是画家这丰富心灵的写照吗?

中国山水画趋向简淡,然而简淡中包具无穷境界。倪云林画一树一石,千岩万壑不能过之。恽南田论元人画境中所含丰富幽深的生命说得最好:

元人幽秀之笔,如燕舞飞花,揣摹不得;如美人横波微盼,光采四射,观者神惊意丧,不知其何以然也。

元人幽亭秀木自在化工之外一种灵气。惟其品若天际冥鸿,故出笔便如哀弦急管,声情并集,非大地欢乐场中可得而拟议者也。

哀弦急管,声情并集,这是何等繁富热闹的音乐,不料能在元人一树一石、一山一水中体会出来,真是不可思议。元人造诣之高和南田体会之深,都显出中国艺术境界的最高成就!然而元人幽淡的境界背后仍潜隐着一种宇宙豪情。南田说:"群必求同,求同必相叫,相叫必于荒天古木,此画中所谓意也。"

相叫必于荒天古木,这是何等沉痛超迈深邃热烈的人生情调与宇宙情调?这是中国艺术心灵里最幽深、悲壮的表现了吧!

叶燮在《原诗》里说:"可言之理,人人能言之,又安在诗人之言之;可征之事,人人能述之,又安在诗人之述之,必有不可言之理,不可述之事,遇之于默会意象之表,而理与事无不灿然于前者也。"

这是艺术心灵所能达到的最高境界!由能空、能舍,而后能深、能实,然后宇宙生命中一切理一切事无不把它的最深意义灿然呈露于前。"真力弥满",则"万象在旁","群籁虽参差,适我无非新"(王羲之诗)。

综上所述,可见中国文艺在空灵与充实两方都曾尽力,达到极高的成就。所以中国诗人尤爱把森然万象映射在太空的背景上,境界丰实空灵,像一个灿烂的星天!

王维诗云:"徒然万象多,澹尔太虚缅。"

韦应物诗云:"万物自生听,大空恒寂寥。"

中国艺术意境之诞生(增订稿)

引言

世界是无穷尽的,生命是无穷尽的,艺术的境界也是无穷尽的。"适我无非新"(王羲之诗句),是艺术家对世界的感受。"光景常新",是一切伟大作品的烙印。"温故而知新",却是艺术创造与艺术批评应有的态度。历史上向前一步的进展,往往是伴着向后一步的探本穷源。李、杜的天才,不忘转移多师。16世纪的文艺复兴追摹着希腊,十九世纪的浪漫主义憧憬着中古。20世纪的新派且溯源到原始艺术的浑朴天真。

现代的中国站在历史的转折点。新的局面必将展开。然而我们对旧文化的检讨,以同情的了解给予新的评价,也更为重要。就中国艺术方面——这中国文化史上最中心最有世界贡献的一方面——研寻其意境的特构,以窥探中国心灵的幽情壮采,也是民族文化的自省工作。希腊哲人对人生指示说:"认识你自己!"近代哲人对我们说:"改造这世界!"为了改造世界，我们先得认识。

一、意境的意义

龚定庵在北京，对戴醇士说："西山有时渺然隔云汉外，有时苍然堕几榻前，不关风雨晴晦也！"西山的忽远忽近，不是物理上的远近，乃是心中意境的远近。

方士庶在《天慵庵随笔》里说："山川草木，造化自然，此实境也。因心造境，以手运心，此虚境也。虚而为实，是在笔墨有无间。故古人笔墨具此山苍树秀，水活石润，于天地之外，别构一种灵奇。或率意挥洒，亦皆炼金成液，弃滓存精，曲尽蹈虚揖影之妙。"中国绘画的整个精粹在这几句话里。

恽南田题唐洁庵的画说："谛视斯境，一草一树，一丘一壑，皆洁庵灵想之所独辟，总非人间所有。其意象在六合之表，荣落在四时之外。将以尻轮神马，御泠风以游无穷。真所谓藐姑射之山，汾水之阳，尘垢粃糠，绰约冰雪。时俗龌龊，又何能知洁庵游心之所在哉！"

画家诗人"游心之所在"，就是他独辟的灵境，创造的意象，作为他艺术创作的中心之中心。

什么是意境？人与世界接触，因关系的层次不同，可有五种境界：（1）为满足生理的物质的需要，而有功利境界；（2）因人群共存互爱的关系，而有伦理境界；（3）因人群组合互制

◎元 高克恭 春云晓霭图

的关系,而有政治境界;(4)因穷研物理,追求智慧,而有学术境界;(5)因欲返本归真,冥合天人,而有宗教境界。功利境界主于利,伦理境界主于爱,政治境界主于权,学术境界主于真,宗教境界主于神。但介乎后二者的中间,以宇宙人生的具体为对象,赏玩它的色相、秩序、节奏、和谐,借以窥见自我的最深心灵的反映;化实景而为虚境,创形象以为象征,使人类最高的心灵具体化、肉身化,这就是"艺术境界"。艺术境界主于美。

所以一切美的光是来自心灵的源泉:没有心灵的映射,是无所谓美的。瑞士思想家阿米尔(Amiel)说:"一片自然风景是一个心灵的境界。"中国大画家石涛也说:"山川使予代山川而言也。……山川与予神遇而迹化也。"艺术家以心灵映射万象,代山川而立言,他所表现的是主观的生命情调与客观的自然景象交融互渗,成就一个鸢飞鱼跃、活泼玲珑、渊然而深的灵境。这灵境就是构成艺术之所以为艺术的"意境"。(但在音乐和建筑,这时间中纯形式与空间中纯形式的艺术,却以非模仿自然的境相来表现人心中最深的不可名的意境,而舞蹈则又为综合时空的纯形式艺术,所以能为一切艺术的根本型态,这事后面再说到。)

意境是"情"与'景'(意象)的结晶品。王安石有一首诗:

> 杨柳鸣蜩绿暗,
> 荷花落日红酣。
> 三十六陂春水,
> 白头相见江南。

前三句全是写景。江南的艳丽的阳春,但着了末一句,全部景象遂笼罩上,啊,渗透进,一层无边的惆怅、回忆的愁思和重逢的欣慰。情景交织,成了一首绝美的"诗"。

元人马东漓有一首《天净沙》小令:

> 枯藤老树昏鸦,
> 小桥流水人家,
> 古道西风瘦马。
> 夕阳西下,
> 断肠人在天涯!

也是前四句完全写景,着了末一句写情,全篇点化成一片哀愁寂寞,宇宙荒寒,怅触无边的诗境。

艺术的意境,因人因地因情因景的不同,现出种种色相,如摩尼珠,幻出多样的美。同是一个星天月夜的景,影映出几层不同的诗境:

元人杨载《景阳宫望月》云:

> 大地山河微有影,
> 九天风露浩无声。

明画家沈周《写怀寄僧》云:

> 明河有影微云外,
> 清露无声万木中。

清人盛青嵝咏《白莲》云:

◎ 明　沈周　《卧游图册》

半江残月欲无影，

一岸冷云何处香。

杨诗写涵盖乾坤的封建的帝居气概，沈诗写迥绝世尘的幽人境界，盛诗写风流蕴藉、流连光景的诗人胸怀。一主气象，一主幽思（禅境），一主情致。至于唐人陆龟蒙咏白莲的名句："无情有恨何人见，月晓风清欲堕时。"却系为花传神，偏于赋体，诗境虽美，主于咏物。

在一个艺术表现里情和景交融互渗，因而发掘出最深的情，一层比一层更深的情，同时也透入了最深的景，一层比一层更晶莹的景；景中全是情，情具象而为景，因而涌现了一个独特的宇宙，崭新的意象，为人类增加了丰富的想象，替世界开辟了新境，正如恽南田所说："皆灵想之所独辟，总非人间所有！"这是我的所谓"意境"。"外师造化，中得心源。"唐代画家张璪这两句训示，是这意境创现的基本条件。

二、意境与山水

元人汤采真说："山水之为物，禀造化之秀，阴阳晦冥，晴雨寒暑，朝昏昼夜，随形改步，有无穷之趣，自非胸中丘壑，汪汪洋洋，如万顷波，未易摹写。"

艺术意境的创构，是使客观景物作我主观情思的象征。我

◎ 明　董其昌　《仿古山水册》其六

人心中情思起伏，波澜变化，仪态万千，不是一个固定的物象轮廓能够如量表出，只有大自然的全幅生动的山川草木，云烟明晦，才足以表象我们胸襟里蓬勃无尽的灵感气韵。恽南田题画说："写此云山绵邈，代致相思，笔端丝纷，皆清泪也。"山水成了诗人画家抒写情思的媒介，所以中国画和诗，都爱以山水境界做表现和咏味的中心。和西洋自希腊以来拿人体做主要对象的艺术途径迥然不同。董其昌说得好："诗以山川为境，山川亦以诗为境。"艺术家禀赋的诗心，映射着天地的诗心。（诗纬云："诗者天地之心。"）山川大地是宇宙诗心的影现；画家诗人的心灵活跃，本身就是宇宙的创化，它的卷舒取舍，好似太虚片云，寒塘雁迹，空灵而自然！

三、意境创造与人格涵养

这种微妙境界的实现，端赖艺术家平素的精神涵养，天机的培植，在活泼泼的心灵飞跃而又凝神寂照的体验中突然地成就。元代大画家黄子久说："终日只在荒山乱石，丛木深筱中坐，意态忽忽，人不测其为何。又往泖中通海处看急流轰浪，虽风雨骤至，水怪悲诧而不顾。"宋画家米友仁说："画之老境，于世海中一毛发事泊然无着染。每静室僧趺，忘怀万虑，与碧虚寥廓同其流。"黄子久以狄阿理索斯（Dionysius）的热情深入宇宙的动象，米友仁却以阿波罗（Apollo）式的宁静涵映世

◎元　黄公望　《丹崖玉树图》

界的广大精微，代表着艺术生活上两种最高精神形式。

在这种心境中完成的艺术境界自然能空灵动荡而又深沉幽渺。南唐董源说："写江南山，用笔甚草草，近视之几不类物象，远视之则景物灿然，幽情远思，如睹异境。"艺术家凭借他深静的心襟，发现宇宙间深沉的境地；他们在大自然里"偶遇枯槎顽石，勺水疏林，都能以深情冷眼，求其幽意所在"。黄子久每教人作深潭，以杂树瀹之，其造境可想。

所以艺术境界的显现，绝不是纯客观地机械地描摹自然，而以"心匠自得为高"（米芾语）。尤其是山川景物，烟云变灭，不可脑摹，须凭胸臆的创构，才能把握全景。宋画家宋迪论作山水画说：

先当求一败墙，张绢素讫，朝夕视之。既久，隔素见败墙之上，高下曲折，皆成山水之象，心存目想：高者为山，下者为水，坎者为谷，缺者为涧，显者为近，晦者为远。神领意造，恍然见人禽草木飞动往来之象，了然在目，则随意命笔，默以神会，自然景皆天就，不类人为，是谓活笔。

他这段话很可以说明中国画家所常说的"丘壑成于胸中，既寤发之于笔墨"，这和西洋印象派画家莫奈早、午、晚三时临绘同一风景至于十余次，刻意写实的态度，迥不相同。

四、禅境的表现

中国艺术家何以不满于纯客观的机械式的模写？因为艺术意境不是一个单层的平面的自然的再现，而是一个境界层深的创构。从直观感相的摹写，活跃生命的传达，到最高灵境的启示，可以有三层次。蔡小石在《拜石山房词》序里形容词里面的这三境层极为精妙：

夫意以曲而善托，调以杳而弥深。始读之则万萼春深，百色妖露，积雪缟地，余霞绮天，一境也。（这是直观感相的渲染）再读之则烟涛溯洞，霜飙飞摇，骏马下坡，泳鳞出水，又一境也，（这是活跃生命的传达）卒读之而皎皎明月，仙仙白云，鸿雁高翔，坠叶如雨，不知其何以冲然而澹，翛然而远也。（这是最高灵境的启示）江顺诒评之曰："始境，情胜也。又境，气胜也。终境，格胜也。"

"情"是心灵对于印象的直接反映，"气"是"生气远出"的生命，"格"是映射着人格的高尚格调。西洋艺术里面的印象主义、写实主义，是相等于第一境层。浪漫主义倾向于生命音乐性的奔放表现，古典主义倾向于生命雕像式的清明启示，都相当于第二境层。至于象征主义、表现主义、后期印象派，它们的旨趣在于第三境层。

而中国自六朝以来,艺术的理想境界却是"澄怀观道"(晋宋画家宗炳语),在拈花微笑里领悟色相中微妙至深的禅境。如冠九在《都转心庵词序》说得好:

"明月几时有"词而仙者也。"吹皱一池春水"词而禅者也。仙不易学而禅可学。学矣而非栖神幽遐,涵趣寥旷,通拈花之妙悟,穷非树之奇想,则动而为沾滞之音矣。其何以澄观一心而腾踔万象。是故词之为境也,空潭印月,上下一澈,屏知识也。清馨出尘,妙香远闻,参净因也。鸟鸣珠箔,群花自落,超圆觉也。

"澄观一心而腾踔万象",是意境创造的始基,"鸟鸣珠箔,群花自落",是意境表现的圆成。

绘画里面也能见到这意境的层深。明画家李日华在《紫桃轩杂缀》里说:

凡画有三次。一曰身之所容:凡置身处非邃密,即旷朗水边林下、多景所凑处是也。(按,此为身边近景)二曰目之所瞩:或奇胜,或渺迷,泉落云生,帆移鸟去是也。(按,此为眺瞩之景)三曰意之所游:目力虽穷而情脉不断处是也。(按,此为无尽空间之远景)然又有意有所忽处,如写一树一石,必有草草点染取态处。(按,此为有限中见取无限,传神写生之

◎元　因陀罗　《寒山拾得图》

境）写长景必有意到笔不到，为神气所吞处，是非有心于忽，盖不得不忽也。（按，此为借有限以表现无限，造化与心源合一，一切形象都形成了象征境界）其于佛法相宗所云极迥色极略色之谓也。

于是绘画由丰满的色相达到最高心灵境界，所谓禅境的表现，种种境层，以此为归宿。戴醇士曾说："恽南田以'落叶聚还散，寒鸦栖复惊'（李白诗句）、品一峰（黄子久）笔，是所谓孤蓬自振，惊沙坐飞，画也而几乎禅矣！"禅是动中的极静，也是静中的极动，寂而常照，照而常寂，动静不二，直探

◎明 尤求 《寒山拾得图》

生命的本原。禅是中国人接触佛教大乘义后体认到自己心灵的深处而灿烂地发挥到哲学境界与艺术境界。静穆的观照和飞跃的生命构成艺术的两元,也是构成"禅"的心灵状态。《雪堂和尚拾遗录》里说:"舒州太平灯禅师颇习经论,傍教说禅。白云演和尚以偈寄之曰:'白云山头月,太平松下影,良夜无狂风,都成一片境。'灯得偈颂之,未久,于宗门方彻渊奥。"禅境借诗境表达出来。

所以中国艺术意境的创成,既须得屈原的缠绵悱恻,又须得庄子的超旷空灵。缠绵悱恻,才能一往情深,深入万物的核心,所谓"得其环中"。超旷空灵,才能如镜中花,水中月,羚羊挂角,无迹可寻,所谓"超以象外"。色即是空,空即是色,色不异空,空不异色,这不但是盛唐人的诗境,也是宋元人的画境。

五、道、舞、空白：中国艺术意境结构的特点

庄子是具有艺术天才的哲学家，对于艺术境界的阐发最为精妙。在他是"道"，这形而上原理，和"艺"，能够体合无间。"道"的生命进乎技，"技"的表现启示着"道"。在《养生主》里他有一段精彩的描写：

> 庖丁为文惠君解牛，手之所触，肩之所倚，足之所履，膝之所踦，砉然响然，奏刀騞然，若不中音。合于桑林之舞，乃中经首（尧乐章）之会（节也）。文惠君曰："嘻，善哉！技盖至此乎？"庖丁释刀对曰："臣之所好者道也，进乎技矣。始臣之解牛之时，所见无非牛者。三年之后，未尝见全牛也。方今之时，臣以神遇而不以目视，官知止而神欲行，依乎天理，批大郤，道大窾，因其固然，技经肯綮之未尝，而况大軱乎！良庖岁更刀，割也。族庖月更刀，折也。今臣之刀十九年矣，所解数千牛矣，而刀刃若新发于硎。彼节者有间，而刀刃者无厚，以无厚入有间，恢恢乎其于游刃，必有余地矣。是以十九年而刀刃若新发于硎。虽然，每至于族（交错聚结处）吾见其难为，怵然为戒，视为止，行为迟，动刀甚微，謋然已解，如土委地！提刀而立，为之四顾，为之踌躇满志。善刀而藏之。"文惠君曰："善哉，吾闻庖丁之言，得养生焉。"

"道"的生命和"艺"的生命,游刃于虚,莫不中音,合于桑林之舞,乃中经首之会。音乐的节奏是它们的本体。所以儒家哲学也说:"大乐与天地同和,大礼与天地同节。"《易》云:"天地氤氲,万物化醇。"这生生的节奏是中国艺术境界的最后源泉。石涛题画云:"天地氤氲秀结,四时朝暮垂垂,透过鸿蒙之理,堪留百代之奇。"艺术家要在作品里把握到天地境界!德国诗人诺瓦利斯(Novalis)说:"混沌的眼,透过秩序的网幕,闪闪地发光。"石涛也说:"在于墨海中立定精神,笔锋下决出生活,尺幅上换去毛骨,混沌里放出光明。"艺术要刊落一切表皮,呈显物的晶莹真境。

艺术家经过"写实""传神"到"妙悟"境内,由于妙悟,他们"透过鸿蒙之理,堪留百代之奇"。这个使命是够伟大的!

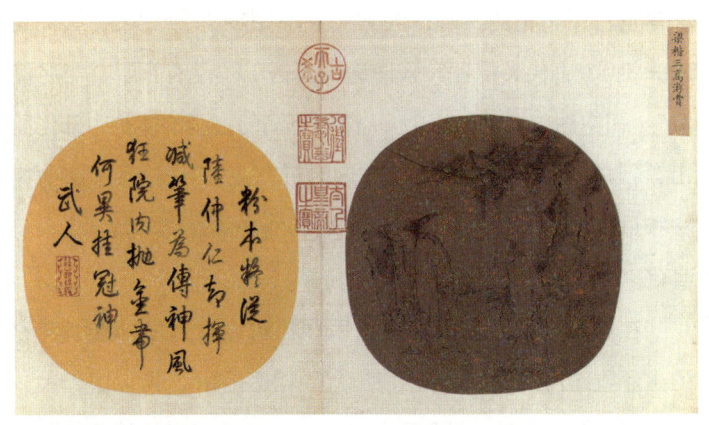

◎宋　梁楷　《三高游赏图页》

艺术之美

那么艺术意境之表现于作品，就是要透过秩序的网幕，使鸿蒙之理闪闪发光。这秩序的网幕是由各个艺术家的意匠组织线、点、光、色、形体、声音或文字成为有机谐和的艺术形式，以表出意境。

因为这意境是艺术家的独创，是从他最深的"心源"和"造化"接触时突然的领悟和震动中诞生的，它不是一味客观的描绘，像一照像机的摄影。所以艺术家要能拿特创的"秩序的网幕"来把住那真理的闪光。音乐和建筑的秩序结构，尤能直接地启示宇宙真体的内部和谐与节奏，所以一切艺术趋向音乐的状态、建筑的意匠。

然而，尤其是"舞"，这最高度的韵律、节奏、秩序、理性，同时是最高度的生命、旋动、力、热情，它不仅是一切艺术表现的究竟状态，且是宇宙创化过程的象征。艺术家在这时失落自己于造化的核心，沉冥入神，"穷元妙于意表，合神变乎天机"（唐代大批评家张彦远论画语）。"是有真宰，与之浮沉"（司空图《诗品》语），从深不可测的玄冥的体验中升化而出，行神如空，行气如虹。在这时只有"舞"，这最紧密的律法和最热烈的旋动，能使这深不可测的玄冥的境界具象化、肉身化。

在这舞中，严谨如建筑的秩序流动而为音乐，浩荡奔驰的生命收敛而为韵律。艺术表演着宇宙的创化。所以唐代大书家张旭见公孙大娘剑器舞而悟笔法，大画家吴道子请裴将军舞

剑以助壮气说:"庶因猛厉以通幽冥!"郭若虚的《图画见闻志》上说:

> 唐开元中,将军裴旻居丧,诣吴道子,请于东都天宫寺画神鬼数壁,以资冥助。道子答曰:"吾画笔久废,若将军有意,为吾缠结,舞剑一曲,庶因猛厉,以通幽冥!"旻于是脱去缞服,若常时装束,走马如飞,左旋右转,掷剑入云,高数十丈,若电光下射。旻引手执鞘承之,剑透室而入。观者数千人,无不惊栗。道子于是援毫图壁,飒然风起,为天下之壮观。道子平生绘事,得意无出于此。

◎ 清 任颐 《公孙大娘舞剑图》

诗人杜甫形容诗的最高境界说:"精微穿溟涬,飞动摧霹雳。"(《夜听许十一诵诗爱而有作》)前句是写沉冥中的探索，透进造化的精微的机械，后句是指着大气盘旋的创造，具象而成飞舞。深沉的静照是飞动的活力的源泉。反过来说，也只有活跃的具体的生命舞姿、音乐的韵律、艺术的形象，才能使静照中的"道"具象化、肉身化。德国诗人侯德林（Hoerdelin）有两句诗含义极深：

> 谁沉冥到
> 那无边际的"深"，
> 将热爱着
> 这最生动的"生"。

他这话使我们突然省悟中国哲学境界和艺术境界的特点？中国哲学是就"生命本身"体悟"道"的节奏。"道"具象于生活、礼乐制度。道尤表象于"艺"。灿烂的"艺"赋予"道"以形象和生命，"道"给予"艺"以深度和灵魂。庄子《天地》篇有一段寓言说明只有艺"象罔"才能获得道真"玄珠"：

> 黄帝游乎赤水之北，登乎昆仑之丘而南望，还归，遗其玄珠。（司马彪云：玄珠，道真也）使知（理智）索之而不得。使离朱（色也，视觉也）索之而不得。使喫诟（言辩也）索之而不得也。乃使象罔，象罔得之。黄帝曰："异哉！象罔乃可

以得之乎？"

吕惠卿注释得好："象则非无，罔则非有，不皦不昧，玄珠之所以得也。"非无非有，不皦不昧，这正是艺术形象的象征作用。"象"是境相，"罔"是虚幻，艺术家创造虚幻的境相以象征宇宙人生的真际。真理闪耀于艺术形象里，玄珠的鳞于象罔里。歌德曾说："真理和神性一样，是永不肯让我们直接识知的。我们只能在反光、譬喻、象征里面观照它。"又说："在璀灿的反光里面我们把握到生命。"生命在他就是宇宙真际。他在《浮士德》里面的诗句"一切消逝者，只是一象征"，更说明"道""真的生命"是寓在一切变灭的形象里。英国诗人勃莱克的一首诗说得好：

一花一世界，

一沙一天国，

君掌盛无边，

刹那含永劫。

这诗和中国宋僧道灿的重阳诗句（田汉译）"天地一东篱，万古一重九"，都能喻无尽于有限，一切生灭者象征着永恒。

人类这种最高的精神活动，艺术境界与哲理境界，是诞生于一个最自由最充沛的深心的自我。这充沛的自我,真力弥满,万象在旁,掉臂游行,超脱自在,需要空间,供他活动。(参见拙作《中西画法所表现的空间意识》)于是"舞"是它最直接、最具体的自然流露。"舞"是中国一切艺术境界的典型。中国的书法、画法都趋向飞舞。庄严的建筑也有飞檐表现着舞姿。杜甫《观公孙大娘弟子舞剑器行》首段云:

> 昔有佳人公孙氏,
> 一舞剑器动四方,
> 观者如山色沮丧,
> 天地为之久低昂……

天地是舞,是诗

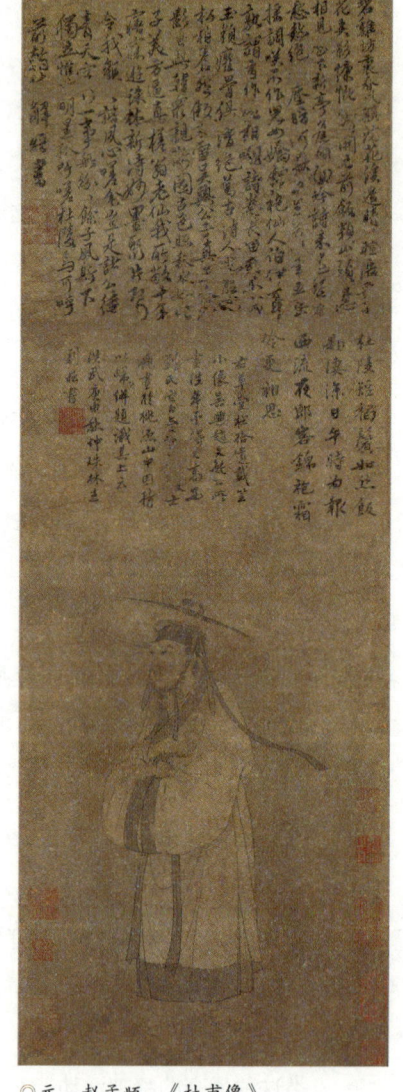

◎元 赵孟𫖯 《杜甫像》

（诗者天地之心），是音乐（大乐与天地同和）。中国绘画境界的特点建筑在这上面。画家解衣盘礴，面对着一张空白的纸（表象着舞的空间），用飞舞的草情篆意谱出宇宙万形里的音乐和诗境。照相机所摄万物形体的底层在纸上是构成一片黑影。物体轮廓线内的纹理形象模糊不清。山上草树崖石不能生动地表出他们的脉络姿态。只在大雪之后，崖石轮廓林木枝干才能显出它们各自的弈弈精神性格，恍如铺垫了一层空白纸，使万物以嵯峨突兀的线纹呈露它们的绘画状态。所以中国画家爱写雪景（王维），这里是天开图画。

中国画家面对这幅空白，不肯让物的底层黑影填实了物体的"面"，取消了空白，像西洋油画，所以直接地在这一片虚白上挥毫运墨，用各式皴文表出物的生命节奏。（石涛说："笔之于皴也，开生面也。"）同时借取书法中的草情篆意或隶体表达自己心中的韵律，所绘出的是心灵所直接领悟的物态天趣，造化和心灵的凝合。自由潇洒的笔墨，凭线纹的节奏，色彩的韵律，开径自行，养空而游，蹈光揖影，抟虚成实。（参看本文首段引方士庶语）

庄子说："虚室生白。"又说："唯道集虚。"中国诗词文章里都着重这空中点染，抟虚成实的表现方法，使诗境、词境里面有空间，有荡漾，和中国画面具同样的意境结构。

中国特有的艺术——书法，尤能传达这空灵动荡的意境。

○ 宋 佚名 雪景图

唐张怀瓘在他的《书议》里形容王羲之的用笔说："一点一画，意态纵横，偃亚中间，绰有余裕。然字峻秀，类于生动，幽若深远，焕若神明，以不测为量者，书之妙也。"在这里，我们见到书法的妙境通于绘画，虚空中传出动荡，神明里透出幽深，超以象外，得其环中，是中国艺术的一切造境。

王船山在《诗绎》里说："论画者曰，咫尺有万里之势，一势字宜着眼。若不论势，则缩万里于咫尺，直是《广舆记》前一天下图耳。五言绝句以此为落想时第一义。唯盛唐人能得其妙。如'君家住何处，妾住在横塘，停船暂借问，或恐是同乡'，墨气所射，四表无穷，无字处皆其意也！"高日甫论画歌曰："即其笔墨所未到，亦有灵气空中行。"笪重光说："虚实相生，无画处皆成妙境。"三人的话都是注意到艺术境界里的虚空要素。中国的诗词、绘画、书法里，表现着同样的意境结构，代表着中国人的宇宙意识。盛唐王、孟派的诗固多空花水月的禅境；北宋人词空中荡漾，绵渺无际；就是南宋词人姜白石的"二十四桥仍在，波心荡，冷月无声"，周草窗的"看画船尽入西泠，闲却半湖春色"，也能以空虚衬托实景，墨气所射，四表无穷。但就它渲染的境象说，还是不及唐人绝句能"无字处皆其意"，更为高绝。中国人对"道"的体验，是"于空寂处见流行，于流行处见空寂"，唯道集虚，体用不二，这构成中国人的生命情调和艺术意境的实相。

王船山又说："工部（杜甫）之工在即物深致，无细不章。

右丞（王维）之妙，在广摄四旁，圜中自显。"又说："右丞妙手能使在远者近，抟虚成实，则心自旁灵，形自当位。"这话极有意思。"心自旁灵"表现于"墨气所射，四表无穷"，"形自当位"，是"咫尺有万里之势"。"广摄四旁，圜中自显"，"使在远者近，抟虚成实"，这正是大画家大诗人王维创造意境的手法，代表着中国人于空虚中创现生命的流行，氤氲的气韵。

王船山论到诗中意境的创造，还有一段精深微妙的话，使我们领悟"中国艺术意境之诞生"的终极根据。他说："唯此窅窅摇摇之中，有一切真情在内，可兴可观，可群可怨，是以有取于诗。然因此而诗则又往往缘景缘事，缘以往缘未来，经年苦吟，而不能自道。以追光蹑影之笔，写通天尽人之怀，是诗家正法眼藏。""以追光蹑影之笔，写通天尽人之怀"，这两句话表出中国艺术的最后的理想和最高的成就。唐、宋人诗词是这样，宋、元人的绘画也是这样。

尤其是在宋、元人的山水花鸟画里，我们具体地欣赏到这"追光蹑影之笔，写通天尽人之怀"。画家所写的自然生命，集中在一片无边的虚白上。空中荡漾着"视之不见、听之不闻、搏之不得"的"道"，老子名之为"夷""希""微"。在这一片虚白上幻现的一花一鸟、一树一石、一山一水，都负荷着无限的深意、无边的深情。（画家、诗人对万物一视同仁，往往很远的微小的一草一石，都用工笔画出，或在逸笔撇脱中表出微

◎宋　马远　《倚云仙杏》

茫惨淡的意趣）万物浸在光被四表的神的爱中，宁静而深沉。深，像在一和平的梦中，给予观者的感受是一澈透灵魂的安慰和惺惺的微妙的领悟。

中国画的用笔，从空中直落，墨花飞舞，和画上虚白，融成一片，画境恍如"一片云，因日成彩，光不在内，亦不在外，既无轮廓，亦无丝理，可以生无穷之情，而情了无寄"（借王船山评王俭《春诗》绝句语）。中国画的光是动荡着全幅画面的一种形而上的、非写实的宇宙灵气的流行，贯彻中边，往复上下。古绢的黯然而光尤能传达这种神秘的意味。西洋传统的油画填没画底，不留空白，画面上动荡的光和气氛仍是物理的目睹的实质,而中国画上画家用心所在,正在无笔墨处,无笔墨处却是飘渺天倪,化工的境界。(即其笔墨所未到,亦有灵气空中行)这种画面的构造是植根于中国心灵里葱茏氤氲,蓬勃生发的宇宙意识。王船山说得好:"两间之固有者,自然之华,因流动生变而成绮丽,心目之所及,文情赴之,貌其本荣,如所存而显之,即以华奕照耀,动人无际矣!"这不是唐诗宋画给予我们的印象吗?

中国人爱在山水中设置空亭一所。戴醇士说:"群山郁苍,群木荟蔚,空亭翼然,吐纳云气。"一座空亭竟成为山川灵气动荡吐纳的交点和山川精神聚积的处所。倪云林每画山水,多置空亭,他有"亭下不逢人,夕阳澹秋影"的名句。张宣题倪画《溪亭山色图》诗云:"石滑岩前雨,泉香树杪风,江山无限景,都聚一亭中。"苏东坡《涵虚亭》诗云:"惟有此亭无一物,坐观万景得天金。"唯道集虚,中国建筑也表现着中国人的宇宙意识。

空寂中生气流行,鸢飞鱼跃,是中国人艺术心灵与宇宙意象"两镜相入"互摄互映的华严境界。倪云林诗云:

> 兰生幽谷中,
> 倒影还自照。
> 无人作妍媛,
> 春风发微笑。

○ 清　恽寿平　《九兰图》

希腊神话里水仙之神（Narciss）临水自鉴，眷恋着自己的仙姿，无限相思，憔悴以死。中国的兰生幽谷，倒影自照，孤芳自赏，虽感空寂，却有春风微笑相伴，一吁一吸，宇宙息息相关，悦怿风神，悠然自足。（中西精神的差别相）

艺术的境界，既使心灵和宇宙净化，又使心灵和宇宙深化，使人在超脱的胸襟里体味到宇宙的深境。

唐朝诗人常建的《江上琴兴》一诗最能写出艺术（琴声）这净化深化的作用：

江上调玉琴，
一弦清一心。
泠泠七弦遍，

万木澄幽阴。

能使江月白,

又令江水深。

始知梧桐枝,

可以徽黄金。

中国文艺里意境高超莹洁而具有壮阔幽深的宇宙意识生命情调的作品也不可多见。我们可以举出宋人张于湖的一首词来,他的念奴娇《过洞庭湖》词云:

洞庭青草近中秋,更无一点风色。玉界琼田三万顷,着我片舟一叶。素月分晖,明河共影,表里俱澄澈。悠悠心会,妙处难与君说。

应念岭表经年,孤光自照,肝胆皆冰雪。短发萧疏襟袖冷,稳泛沧溟空阔。吸尽西江,细斟北斗,万象为宾客。(对空间之超脱)叩舷独啸,不知今夕何夕!(对时间之超脱)

这真是"雪涤凡响,棣通太音,万尘息吹,一真孤露"。笔者自己也曾写过一首小诗,希望能传达中国心灵的宇宙情调,不揣陋劣,附在这里,借供参证:

飘风天际来,

绿压群峰暝。

云罅漏夕晖,

光写一川冷。

悠悠白鹭飞,

淡淡孤霞迴。

系缆月华生,

万象浴清影。

(《柏溪夏晚归棹》)

艺术的意境有它的深度、高度、阔度。杜甫诗的高、大、深,俱不可及。"吐弃到人所不能吐弃为高,含茹到人所不能含茹为大,曲折到人所不能曲折为深。"(刘熙载评杜甫诗语)叶梦得《石林诗话》里也说:"禅家有三种语,老杜诗亦然。如波漂菰米沉云黑,露冷莲房坠粉红,为函盖乾坤。落花游丝白日静,鸣鸠乳燕青春深,为随波逐浪语。百年地僻柴门迥,五月江深草阁寒,为截断众流语。"函盖乾坤是大,随波逐浪是深,截断众流是高。李太白的诗也具有这高、深、大。但太白的情调较偏向于宇宙境象的大和高。太白登华山落雁峰,说:"此山最高,呼吸之气,想通帝座,恨不携谢朓惊人句来,搔首问青天耳!"(《唐语林》)杜甫则"直取性情真"(杜甫诗句),他更能以深情掘发人性的深度,他具有但丁的沉着的热情和歌德的具体表现力。

　　李、杜境界的高、深、大，王维的静远空灵，都植根于一个活跃的、至动而有韵律的心灵。承继这心灵，是我们深衷的喜悦。

中国艺术表现里的虚和实

先秦哲学家荀子是中国第一个写了一篇较有系统的美学论文——《乐论》的人。他有一句话说得极好,他说:"不全不粹不足以谓之美。"这话运用到艺术美上就是说:艺术既要极丰富地全面地表现生活和自然,又要提炼地去粗存精,提高,集中,更典型,更具普遍性地表现生活和自然。

由于"粹",由于去粗存精,艺术表现里有了"虚","洗尽尘滓,独存孤迥"(恽南田语)。由于"全",才能做到孟子所说的"充实之谓美,充实而有光辉之谓大"。"虚"和"实"辩证的统一,才能完成艺术的表现,形成艺术的美。

但"全"和"粹"是相互矛盾的。既去粗存精,那就似乎不全了,全就似乎不应"拔萃"。又全又粹,这不是矛盾吗?

然而只讲"全"而不顾"粹",这就是我们现在所说的自然主义;只讲"粹"而不能反映"全",那又容易走上抽象的形式主义的道路;既粹且全,才能在艺术表现里做到真正的"典型化",全和粹要辩证地结合、统一,才能谓之美,正如荀子在两千年前所正确地指出的。

清初文人赵执信在他的《谈艺录》序言里有一段话很生动地形象化地说明这全和粹、虚和实辩证的统一才是艺术的最高成就。他说：

> 钱塘洪昉思（按，即洪昇，《长生殿》曲本的作者）久于新城（按，即王渔洋，提倡诗中神韵说者）之门矣。与余友。一日在司寇（渔洋）论诗，昉思嫉时俗之无章也，曰："诗如龙然，首尾鳞鬣，一不具，非龙也。"司寇哂之曰："诗如神龙，见其首不见其尾，或云中露一爪一鳞而已，安得全体？是雕塑绘画耳！"余曰："神龙者，屈伸变化，固无定体，恍惚望见者第指其一鳞一爪，而龙之首尾完好固宛然在也。若拘于所见，以为龙具在是，雕绘者反有辞矣！"

洪昉思重视"全"而忽略了"粹"，王渔洋依据他的神韵说看重一爪一鳞而忽视了"全体"；赵执信指出一鳞一爪的表现方式要能显示龙的"首尾完好宛然存在"。艺术的表现正在于一鳞一爪具有象征力量，使全体宛然存在，不削弱全体丰满的内容，把它们概括在一鳞一爪里。提高了，集中了，一粒沙里看见一个世界。这是中国艺术传统中的现实主义的创作方法，不是自然主义的，也不是形式主义的。

但王渔洋、赵执信都以轻视的口吻说着雕塑绘画，好像它们只是自然主义地刻画现实。这是大大的误解。中国大画家所画的龙正是像赵执信所要求的，云中露出一鳞一爪，却使全体宛然可见。

中国传统的绘画艺术很早就掌握了这虚实相结合的手法。例如近年出土的晚周帛画凤夔人物、汉石刻人物画、东晋顾恺之《女史箴图》、唐阎立本《步辇图》、宋李公麟《免胄图》、元颜辉《钟馗出猎图》、明徐渭《驴背吟诗》，这些赫赫名迹都是很好的例子。我们见到一片空虚的背景上突出地集中地表现人物行动姿态，删略了背景的刻画，正像中国舞台上的表演一样。（汉画上正有不少舞蹈和戏剧表演）

关于中国绘画处理空间表现方法的问题，清初画家笪重光在他的一篇《画筌》（这是中国绘画美学里的一部杰作）里说得很好，而这段论画面空间的话，也正相通于中国舞台上空间处理的方式。他说：

空本难图，实景清而空景现。神无可绘，真境逼而神境生。位置相戾，有画处多属赘疣。虚实相生，无画处皆成妙境。

这段语扼要地说出中国画里处理空间的方法，也叫人联想到中国舞台艺术里的表演方式和布景问题。中国舞台表演方式是有独创性的，我们愈来愈见到它的优越性。而这种艺术表演

◎元　颜辉　《钟馗雨夜出游图卷》

方式又是和中国独特的绘画艺术相通的,甚至也和中国诗中的意境相通。(我在1949年写过一篇《中国诗画中所表现的空间意识》,见本书)中国舞台上一般地不设置逼真的布景(仅用少量的道具桌椅等)。老艺人说得好:"戏曲的布景是在演员的身上。"演员结合剧情的发展,灵活地运用表演程式和手法,使得"真境逼而神境生"。演员集中精神用程式手法、舞蹈行动,"逼真地"表达出人物的内心情感和行动,就会使人忘掉对于剧中环境布景的要求,不需要环境布景阻碍表演的集中和灵活,"实景清而空景现",留出空虚来让人物充分地表现剧情,剧中人和观众精神交流,深入艺术创作的最深意趣,这就是"真境逼而神境生"。这个"真境逼"是在现实主义的意义里的,不是自然主义里所谓逼真。这是艺术所启示的真,也就是"无可绘"的精神的体现,也就是美。"真""神""美"在这里是一体。

做到了这一点,就会使舞台上"空景"的"现",即空间的构成,不须借助于实物的布置来显示空间,恐怕"位置相戾，有画处多属赘疣"，排除了累赘的布景，可使"无景处都成妙境"。例如川剧《刁窗》一场中虚拟的动作既突出了表演的"真"，又同时显示了手势的"美"，因"虚"得"实"。《秋江》剧里船翁一支桨和陈妙常的摇曳的舞姿可令观众"神游"江上。八大山人画一条生动的鱼在纸上，别无一物，令人感到满幅是水。我最近看到故宫陈列齐白石画册里一幅上画一枯枝横出，站立一鸟，别无所有，但用笔的神妙，令人感到环绕这鸟是一无垠的空间，和天际群星相接应，真是一片"神境"。

中国传统的艺术很早就突破了自然主义和形式主义的片面性，创造了民族的独特的现实主义的表达形式，使真和美、内容和形式高度地统一起来。反映这艺术发展的美学思想也具有独创的宝贵的遗产，值得我们结合艺术的实践来深入地理解和汲取，为我们从新的生活创造新的艺术形式提供借鉴和营养资料。

中国的绘画、戏剧和中国另一特殊的艺术——书法，具有着共同的特点，这就是它们里面都是贯穿着舞蹈精神（也就是

◎齐白石　画

音乐精神），由舞蹈动作显示虚灵的空间。唐朝大书法家张旭观看公孙大娘剑器舞而悟书法，吴道子画壁请裴将军舞剑以助壮气。而舞蹈也是中国戏剧艺术的根基。中国舞台动作在二千年的发展中形成一种富有高度节奏感和舞蹈化的基本风格，这种风格既是美的，同时又能表现生活的真实，演员能用一两个极洗炼而又极典型的姿式，把时间、地点和特定情景表现出来。例如"趟马"这个动作，可以使人看出有一匹马在跑，同时又能叫人觉得是人骑在马上，是在什么情境下骑着的。如果一个演员在趟马时"心中无马"，光在那里卖弄武艺，卖弄技巧，那他的动作就是程式主义的了。——我们的舞台动作，确是能通过高度的艺术真实，表现出生活的真实的。也证明这是几千年来，一代又一代的，经过广大人民运用他们的智慧，积累而成的优秀的民族表现形式。如果想一下子取消这种动作，代之以纯现实的，甚至是自然主义的做工，那就是取消民族传统，取消戏曲。[1]

1　见焦菊隐：《表演艺术上的三个主要问题》，《戏剧报》1954年11月号

中国艺术上这种善于运用舞蹈形式，辩证地结合着虚和实，这种独特的创造手法也贯穿在各种艺术里面。大而至于建筑，小而至于印章，都是运用虚实相生的审美原则来处理，而表现出飞舞生动的气韵。《诗经》里《斯干》那首诗里赞美周宣王的宫室时就是拿舞的姿式来形容这建筑，说它"如跂斯翼，如矢斯棘，如鸟斯革，如翚斯飞"。

由舞蹈动作伸延，展示出来的虚灵的空间，是构成中国绘画、书法、戏剧、建筑里的空间感和空间表现的共同特征，而造成中国艺术在世界上的特殊风格。它是和西洋从埃及以来所承受的几何学的空间感有不同之处。研究我们古典遗产里的特殊贡献，可以有助于人类的美学探讨和艺术理解的进展。

（原载《文艺报》1961年第5期）

中国艺术的写实精神

——为第三次全国美展写

一切艺术的境界,可以说不外是写实,传神,造境:从自然的抚摹,生命的传达,到意境的创造。艺术的根基在于对万物的酷爱,不但爱它们的形象,且从它们的形象中爱它们的灵魂。灵魂就寓在线条,寓在色调,寓在体积之中。《诗经》里有句云:"桑之未落,其叶沃若。喓喓草虫,趯趯阜螽。"《楚辞》有句云:"秋兰兮青青,绿叶兮紫茎。"古代诗人,窥目造化,体味深刻,传神写照,万象皆春。王船山先生论诗云:"君子之心,有与天地同情者,有与禽鱼草木同情者,有与女子小人同情者,有与道同情者——悉得其情,而皆有以裁用之,大以体天地之化,微以备禽鱼草木之几。"这是中国艺术中写实精神的真谛。中国的写实不是暴露人间的丑恶,抒写心灵的黑暗,乃是"张目人间,逍遥物外,含毫独运,迥发天倪"(恽南田语)。动天地泣鬼神,参造化之权,研象外之趣,这是中国艺术家最后的目的。所以写实、传神、造境，在中国艺术上是一线贯串的，不必分析出什么写实主义、形式主义、理想主义来。近代人震惊于西洋绘画的写实能力，误以为中国艺术缺乏写实兴趣，这是大错特错的。我们现在据史籍所载关于中国艺术（主要的是绘画）的写实供参考。

《韩非子》上记载着："客有为齐王画者，齐王问曰：'画孰最难者？'答曰：'犬马最难。''孰最易者？''鬼魅易。'"从韩非子这话里，可以想见先秦的绘画，认为写实是难能可贵的。

庄子也说过："叶公子高之好龙，雕文画之，天龙闻而下之，窥头于牖，施尾于堂，叶公见之，五色无主，是叶公非好龙也，好其似龙非龙也。"

庄子讥笑艺术家不敢大胆地面对现实，就像歌德的浮士德，召请了地神出现后，吓得惊慌失措，不敢正视它一样。

古代艺术家观察实在的精到，见下面两段故事：六朝时宋太子铸丈六金像于瓦棺寺，像成而恨面瘦，工人不能理，乃迎戴颙曰："非面瘦，乃臂肥！"既错，减臂胛，像乃相称。五代时，前蜀后主衍得吴道子画钟馗，右手第二指抉鬼睛，令黄筌改用拇指抉，筌乃别绢素以进之，后主怪其不如旨，筌对曰："道玄之所画者，眼色意思俱在第二指，不可改。今臣画，虽不逮吴，然眼色意思在拇指，不可移！"由这两则故事，可见画家对于生理解剖的体认甚深，且能着重整体的机构

◎清　高其佩　《怒容钟馗图》

和生命。

大画家宋徽宗做错了皇帝，然而他的艺术家的目力和注意力是惊人的。我们看他下面两段故事：徽宗时，龙德宫成，命待诏图画宫中屏壁，皆极一时之选。上来幸，一无所观，独顾阁中殿前柱廊拱眼，斜枝月季花，问画者为谁，实一少年新进。上喜，赐宠，皆莫测其故，上曰："月季鲜有能画者，盖四时朝暮，花芯叶皆不同，此作春时日中者，无毫发差，故厚赏之。"宣和殿前植荔枝，既结实，喜动天颜。偶孔雀在其下，亟召画院众史，令图之。各极其思，华彩灿然。但孔雀欲升藤墩，先举右脚。上曰："未也。"众史愕然莫测。后二日再呼问之，不知所对，则降旨曰："孔雀升高，必先举左！"众史骇服。

论史家一定要说，宋徽宗留心到这些细事，无怪他不能专心朝政，让小人擅权。但作为艺术家来说，他是发挥了艺术中的写实精神，虚心观察自然，使宋代花鸟画成为世界艺坛的空

◎唐 韩幹 《牧马图》

前杰创,永远称成中国绘画的世界荣誉。

因为古代绘画这样倾向写实,所以在一般民众脑中好画家的手腕下,不仅描摹了、表现了"生命",简直是创造了写实生命。所以有种种神话,相信画龙则能破壁飞去,兴云作雨(张僧繇),画马则能供鬼使当坐骑(韩幹),画鱼则能跃入水中游泳而逝(李思训),画鹰则吓走殿上鸟雀便不敢再来(张僧繇),以针刺像可使邻女心痛(顾恺之)。由这些传说神话可以想象,古人认为艺术家的最高任务在能再造真实,创新生命。艺术家是个小上帝,造物主。他们的作品就像自然一样的真实。

本来希腊和中国的古代，都是极注意写实的，我们再引列两段故事，以结束这篇小文。希腊大画家曹格西斯（Zeuxis）画架上葡萄，有飞雀见而啄之。画家巴哈宙斯（Panhazus）走来画一帷幕掩其上。曹格西斯回家误以为是真帷幕，欲引而张之。他能骗飞雀，却又被人骗了。

吴大帝孙权尝使曹不兴画屏风，误落墨点素，因就以作蝇。既进，权以画生蝇，举手弹之。但写实终只是绘画艺术的出发点，以写实到传达生命及人格之神味，从传神到创造意境，以窥探宇宙人生之秘，是艺术家最后最高的使命，当另为文详之。

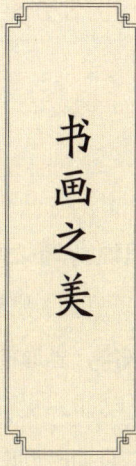

书画之美

中国书法里的美学思想

唐代孙过庭《书谱》里说:"羲之写《乐毅》则情多怫郁,书《画赞》则意涉瑰奇,《黄庭经》则怡怿虚无,《太师箴》则纵横争折,暨乎《兰亭》兴集,思逸神超,私门诫誓,情拘志惨,所谓涉乐方笑,言哀已叹。"

人愉快时,面呈笑容,哀痛时放出悲声,这种内心情感也能在中国书法里表现出来,像在诗歌音乐里那样。别的民族写字还没有能达到这种境地的。中国的书法何以会有这种特点?

唐代韩愈在他的《送高闲上人序》里说:"张旭善草书,不治他技,喜怒窘穷,忧悲愉佚,怨恨思慕,酣醉,无聊,不平,有动于心,必于草书焉发之。观于物,见山水崖谷,鸟兽虫鱼,草木之花实,日月列星,风雨水火,雷霆霹雳,歌舞战斗,天地事物之变,可喜可愕,一寓于书,故旭之书变动犹鬼神,不可端倪,以此终其身而名后世。"张旭的书法不但抒写自己的情感,也表出自然界各种变动的形象。但这些形象是通过他的情感所体会的,是"可喜可愕"的;他在表达自己的情

◎唐　张旭　《古诗四帖》

感中同时反映出或暗示着自然界的各种形象。或借着这些形象的概括来暗示着他自己对这些形象的情感。这些形象在他的书法里不是事物的刻画，而是情景交融的"意境"，像中国画，更像音乐，像舞蹈，像优美的建筑。

现在我们再引一段书家自己的表白。后汉大书家蔡邕说："凡欲结构字体，皆须象其一物，若鸟之形，若虫食禾，若山若树，纵横有托，运用合度，方可谓书。"元代赵子昂写"子"字时，先习画鸟飞之形，使子字有这鸟飞形象的暗示。他写"为"字时，习画鼠形数种，穷极它的变化，如、、、。他从"为"字得到"鼠"形的暗示，因而积极地观察鼠的生动形象，吸取着深一层的对生命形象的构思，使"为"字更有生气、更有意味、内容更丰富。这字已不仅是一个表达概念的符号，而是一个表现生命的单位，书家用字的结构来表达物象的结构和生气勃勃的动作了。

这个生气勃勃的自然界的形象，它的本来的形体和生命，是由什么构成的呢？常识告诉我们：一个有生命的躯体是由骨、肉、筋、血构成的。"骨"是生物体最基本的间架，由于骨，一个生物体才能站立起来和行动。附在骨上的筋是一切动作的主持者，筋是我们运动感的源泉。敷在骨筋外面的肉，包裹着它们而使一个生命体有了形象。流贯在筋肉中的血液营养着、滋润着全部形体。有了骨、筋、肉、血，一个生命体诞生了。中国古代的书家要想使"字"也表现生命，成为反映生命的艺术，就须用他所具有的方法和工具在字里表现出一个生命体的骨、筋、肉、血的感觉来。但在这里不是完全像绘画，直接模示客观形体，而是通过较抽象的点、线、笔画，使我们从情感和想象里体会到客体形象里的骨、筋、肉、血，就像音乐和建筑也能通过诉之于我们情感及身体直感的形象来启示人类

◎ 拓片

的生活内容和意义[1]。

中国人写的字,能够成为艺术品,有两个主要因素:一是由于中国字的起始是象形的,二是中国人用的笔。许慎《说文》序解释文字的定义说:仓颉之初作书,盖依类象形,故谓之文,其后形声相益,即谓之字,字者,言孳乳而浸多也(此依徐铉本,段玉裁据左传正义,补"文者物象之本"句),文和字是对待的。单体的字,像水木,是"文",复体的字,像江河杞柳,是"字",是由"形声相益,孳乳而浸多"来的。写字在古代正确的称呼是"书"。书者如也,书的任务是如,

---

1 明人丰坊的《笔诀》里说:"书有筋骨血肉,筋生于腕,腕能悬,则筋骨相连而有势,骨生于指,指能实,则骨体坚定而不弱。血生于水,肉生于墨,水须新汲,墨须新磨,则燥湿停匀而肥瘦适可。然大要先知笔缺,斯众美随之矣。"近人丁文隽对这段话解说得很清楚,他说:"于人,骨所以支形体,筋所以司动转。骨贵劲健而筋贵灵活,故书,点画劲健者谓之有骨,软弱者谓之无骨。点画灵活者谓之有筋,呆板者谓之无筋。欲求点画之劲健,必须毫无虚发,墨无旁溢,功在指实,故曰骨生于指。欲求点画之灵活,必须纵横无疑,提顿从心,功在悬腕,故曰筋生于腕。点画劲健飞动则见刚柔之情,生动静之态,自然神完气足。故曰筋骨相连而有势,势即赅刚柔动静之情态而言之也。夫书以点画为形,以水墨为质者也。于人,筋骨血肉同属于质,于书,则筋骨所以状其点画,属于形,血肉所以言其水墨,属于质。无质则形不生,无水墨则点画不成。水湿而清,其性犹血。故曰血生于水。墨浓而浊,其性犹肉,故曰肉生于墨,血贵燥湿合度,燥湿合度谓之血润。肉贵肥瘦适中,肥瘦适中谓之肉莹。血肉惟恐其多,多则筋骨不见。筋骨贵惟患其少,少则神气全无。必也四质停匀,始为尽善尽美。然非巧智兼优,心手双善者,不克臻此。"

写出来的字要"如"我们心中对于物象的把握和理解。用抽象的点画表出"物象之",这也就是说物象中的"文",就是交织在一个物象里或物象和物象的相互关系里的条理:长短、大小、疏密、朝揖、应接、向背、穿插等等的规律和结构。而这个被把握到的"文",同时又反映着人对它们的情感反应。这种"因情生文,因文见情"的字就升华到艺术境界,具有艺术价值而成为美学的对象了。

第二个主要因素是笔。书字从聿,聿就是笔,篆文,象手把笔,笔杆下扎了毛。殷朝人就有了笔,这个特殊的工具才使中国人的书法有可能成为一种世界独特的艺术,也使中国画有了独特的风格。中国人的笔是把兽毛(主要用兔毛)捆缚起做成的。它铺毫抽锋,极富弹性,所以巨细收纵,变化无穷。这是欧洲人用管笔、钢笔、铅笔以及油画笔所不能比的。从殷朝发明了和运用了这支笔,创造了书法艺术,历代不断有伟大的发展,到唐代各门艺术,都发展到极盛的时候,唐太宗李世民独独宝爱晋人王羲之所写的《兰亭序》,临死时不能割舍,恳求他的儿子让他带进棺去。可以想见在中国艺术最高峰时期中国书法艺术所占的地位了。这是怎样可能的呢?

我们前面已说过是基于两个主要因素,一是中国字在起始的时候是象形的,这种形象化的意境在后来"孳乳浸多"的"字体"里仍然潜存着、暗示着。在字的笔画里、结构里、章法里,显示着形象里面的骨、筋、肉、血,以至于动作的关

◎ 明　文徵明　《临兰亭》

联。后来从象形到谐声，形声相益，更丰富了"字"的形象意境，像江字、河字，令人仿佛目睹水流，耳闻汩汩的水声。所以唐人的一首绝句若用优美的书法写了出来，不但是使我们领略诗情，也同时如睹画境。诗句写成对联或条幅挂在壁上，美的享受不亚于画，而且也是一种综合艺术，像中国其他许多艺术那样。

中国文字成熟可分三期：一、纯图画期；二、图画佐文字期；三、纯文字期。[1] 纯图画期，是以图画表达思想，全无文字。如鼎文（《殷文存》上，一上）

像一人抱小儿，作为"尸"来祭祀祖先。礼："君子抱孙不抱子。"

又如瓠文（《殷文存》下廿四，下）

像一人持钺献俘的情形。

1　参看胡小石：《古文变迁论》，解放前南京大学文艺丛刊第一卷，第一期。又《书艺略论》，《江海学刊》1961年第7期。

叶玉森的《铁云藏龟拾遗》里第六页影印殷墟甲骨上一字为猿猴形，神态毕肖，可见殷人用笔画抓住"物象之本""物象之文"的技能。

像这类用图画表达思想的例子很多。后来到"图画佐文字时期"，在一篇文字里往往夹杂着鸟兽等形象，我们说中国书画同源是有根据的。而且在整个书画史上，画和书法的密切关系始终保持着。要研究中国画的特点，不能不研究中国书法。我从前曾经说过，写西方美术史，往往拿西方各时代建筑风格的变迁做骨干来贯串，中国建筑风格的变迁不大，不能用来区别各时代绘画雕塑风格的变迁。而书法却自殷代以来，风格的变迁很显著，可以代替建筑在西方美术史中的地位，凭借它来窥探各个时代艺术风格的特征。这个工作尚待我们去做，这里不过是一个提议罢了。

我们现在谈谈中国书艺里的用笔、结体、章法所表现的美学思想。我们在此不能多谈到书法用笔的技术性方面的问题。这方面，古人已讲得极多了。我只谈谈用笔里的美学思想。中国文字的发展，由模写形象里的"文"，到孳乳浸多的

◎石鼓文

"字",象形字在量的方面减少了,代替它的是抽象的点线笔画所构成的字体。通过结构的疏密,点画的轻重、行笔的缓急,表现作者对形象的情感,发抒自己的意境,就像音乐艺术从自然界的群声里抽出纯洁的"乐音"来,发展这乐音间相互结合的规律。用强弱、高低、节奏、旋律等有规则的变化来表现自然界、社会界的形象和自心的情感。近代法国大雕刻家罗丹曾经对德国女画家萝斯蒂兹说:"一个规定的线(文)通贯着大宇宙,赋予了一切被创造物。如果他们在这线里面运行着,而自觉着自由自在,那是不会产生出任何丑陋的东西来的。希腊人因此深入地研究了自然,他们的完美是从这里来的,不是从一个抽象的'理念'来的。人的身体是一座庙宇,具有神样的诸形式。"又说:"表现在一胸像造形里的要务,是寻找那特征的线纹。低能的艺术家很少具有这胆量单独地强调出那要紧的线,这需要一种决断力,像仅有少数人才能具有的那样。"[1]

我们古代伟大的先民就属于罗丹所说的少数人。古人传述仓颉造字时的情形说:"颉首四目,通于神明,仰观奎星圆曲之势,俯察龟文鸟迹之象,博采众美,合而为字。"仓颉并不是真的有四只眼睛,而是说他象征着人类从猿进化到人,两手解放了,全身直立,因而双眼能仰观天文、俯察地理,好像增加了两个眼睛,他能够全面地、综合地把握世界,透视那通

---

[1] 海伦·萝斯蒂兹著《罗丹在谈话和书信中》一书。

贯着大宇宙赋予了万物的规定的线，因而能在脑筋里构造概念，又用"文""字"来表示这些概念。"人"诞生了，文明诞生了，中国的书法也诞生了。中国最早的文字就具有美的性质。邓以蛰先生在《书法之欣赏》里说得好："甲骨文字，其为书法抑纯为符号，今固难言，然就书之全体而论，一方面固纯为横竖转折之笔画所组成，若后之施于真书之'永字八法'，当然无此繁杂之笔调。他方面横竖转折却有其结构之意，行次有其左行右行之分，又以上下字连贯之关系，俨然有其笔画之可增可减，如后之行草书然者。至其悬针垂韭之笔致，横直转折，安排紧凑，四方三角等之配合，空白疏密之调和，诸如此类，竟能给一段文字以全篇之美观，此美莫非来自意境而为当时书家之精心结撰可知也。至于钟鼎彝器之款识铭词，其书法之圆转委婉，结体行次之疏密，虽有优劣，其优者使人觅之如仰观满天星斗，精神四射。古人言仓颉造字之初云：'颉首四目，通于神明，仰观奎星圆曲之势，俯察龟文鸟迹之象，博采众美，合而为字。'今以此语形容吾人观看长篇钟鼎铭词如毛公鼎、散氏盘之感觉，最为恰当。石鼓以下，又加以停匀整齐

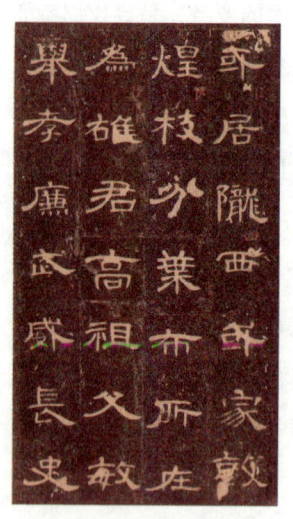

◎东汉《曹全碑》（部分）

之美。至始皇诸刻石，笔致虽仍为篆体，而结体行次，整齐之外，并见端庄，不仅直行之空白如一，横行亦如之，此种整齐端庄之美至汉碑八分而至其极，凡此皆字之于形式之外，所以致乎美之意境也。"

邓先生这段话说出了中国书法在创造伊始，就在实用之外，同时走上艺术美的方向，使中国书法不像其他民族的文字，停留在作为符号的阶段，而成为表达民族美感的工具。

现在从美学观点来考察中国书法里的用笔、结体和章法。

一、用笔

用笔有中锋、侧锋、藏锋、出锋、方笔、圆笔、轻重、疾徐等等区别，皆所以运用单纯的点画而成其变化，来表现丰富的内心情感和世界诸形相，像音乐运用少数的乐音，依据和声、节奏与旋律的规律，构成千万乐曲一样。但宋朝大批评家董逌在《广川画跋》里说得好："且观天地生物，特一气运化尔，其功用妙移，与物有宜，莫知为之者，故能成于自然。"他这话可以和罗丹所说的"一个规定的线通贯着大宇宙而赋予了一切被创造物，他们在它里面运行着，而自觉着自由自在"相印证。所以千笔万笔，统于一笔，正是这一笔的运化尔！

罗丹在万千雕塑的形象里见到这一条贯注于一切中的"线"，中国画家在万千绘画的形象中见到这一笔画，而大书家

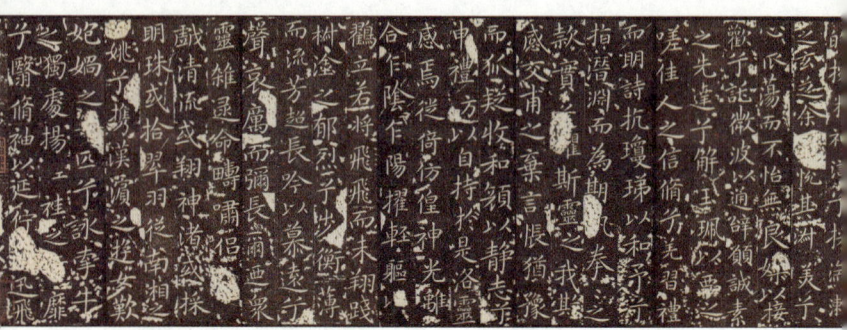

○晋　王献之　小楷　《洛神赋》

却是运此一笔以构成万千的艺术形象，这就是中国历代丰富的书法。唐朝伟大的批评家和画史的创作者张彦远在《历代名画记》里论顾、陆、张、吴诸大画家的用笔时说："顾恺之之迹，紧劲联绵，循环超忽，调格逸易，风趋电疾，意存笔先，画尽意在，所以全神气也。昔张芝学崔瑗、杜度草书之法，因而变之，以成今草书之体势，一笔而成，气脉通连，隔行不断。唯王子敬（献之）明其深旨，故行首之字，往往继其前行，世上谓之一笔书。其后陆探微亦作一笔画，连绵不断，故知书画用笔同法。"张彦远谈到书画法的用笔时，特别指出这"一笔而成，气脉通贯"，和罗丹所指出的通贯宇宙的一根线，一千年间，东西艺人，遥遥相印。可见中国书画家运用这"一笔"的点画，创造中国特有的丰富的艺术形象，是有它的艺术原理上的根据的。但这里所说的一笔书、一笔画，并不真是一条不断的线纹，像宋人郭若虚在《图画见闻志》里所记述的戚文秀画水图里那样:"图中有一笔长五丈……自边际起,通贯于波浪之间,与众毫不失次序,超腾回折,实逾五丈矣。"而是像郭若虚所要说明的:"王献之能为一笔书,陆探微能为一笔画,无适(……意译为:并不是)一篇之文,一物之象而能一笔可就也。乃是自始及终,笔有朝揖,连绵相属,气脉不断。"这才是一笔画一笔书的正确的定义。所以古人所传的"永字八法",用笔为八而一气呵成,血脉不断,构成一个有骨有肉有筋有血的字体,表现一个生命单位,成功一个艺术境界。

用笔怎样能够表现骨、肉、筋、血来,成为艺术境界呢?

三国时魏国大书家钟繇说道:"笔迹者界也,流美者人也,……见万象皆类之。"笔蘸墨画在纸帛上,留下了笔迹(点画),突破了空白,创始了形象。石涛《画语录》第一章"一画章"里说得好,"太古无法,太朴不散,太朴一散,而法立矣。法于何立?立于一画。一画者众有之本,万象之根。……人能以一画具体而微,意明笔透。腕不虚则画非是,画非是则腕不灵。动之以旋,润之以转,居之以旷,出如截,入如揭,能圆能方,能直能曲,能上能下,左右均齐,凸凹突兀,断截横斜,如水之就下,如火之炎上,自然而不容毫发强也,用无不神而法无不贯也。理无不入而态无不尽也。信手一挥,山川、人物、鸟兽、草木、池榭、楼台,取形用势,写生揣意,运摹景显,露隐含人,不见其画之成画,不违其心之用心,盖自太朴散而一画之法立矣。一画之法立而万物著矣。"

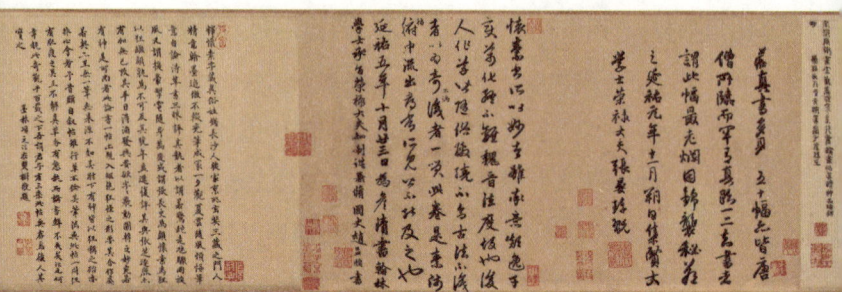

◎唐 怀素 《论书帖》

从这一画之笔迹，流出万象之美，也就是人心内之美。没有人，就感不到这美，没有人，也画不出、表不出这美。所以钟繇说："流美者人也。"所以罗丹说："通贯大宇宙的一条线，万物在它里面感到自由自在，就不会产生出丑来。"画家、书家、雕塑家创造了这条线（一画），使万象得以在自由自在的感觉里表现自己，这就是"美"！美是从"人"流出来的，又是万物形象里节奏旋律的体现。所以石涛又说："夫画者从于心者也。山川人物之秀错，鸟兽草木之性情，池榭楼台之矩度，未能深入其理，曲尽其态，终未得一画之洪规也。行远登高，悉起肤寸，此一画收尽鸿蒙之外，即亿万万笔墨，未有不始于此而终于此，惟听人之握取之耳！"

所以中国人这支笔，开始于一画，界破了虚空，留下了笔迹，既流出人心之美，也流出万象之美。罗丹所说的这根通贯宇宙、遍及于万物的线，中国的先民极早就在书法里、在殷墟

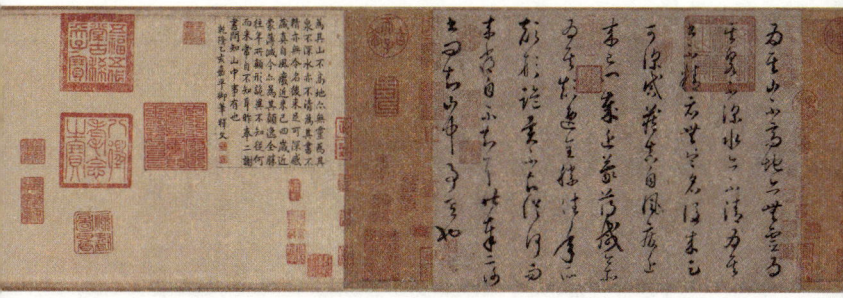

甲骨文、在商周钟鼎文、在汉隶八分、在晋唐的真行草书里，做出极丰盛的、创造性的反映了。

人类从思想上把握世界，必须接纳万象到概念的网里，纲举而后目张，物物明朗。中国人用笔写象世界，从一笔入手，但一笔画不能摄万象，须要变动而成八法，才能尽笔画的"势"，以反映物象里的"势"。禁经云："八法起于隶字之始，自崔（瑗）张（芝）钟（繇）王（羲之）传授所用，该于万字而为墨道之最。"又云："昔逸少（王羲之）攻书多载，廿七年偏攻永字。以其备八法之势，能通一切字也。"隋僧智永欲存王氏典型，以为百家法祖，故发其旨趣。智永的永字八法是：

、 侧法第一（如鸟翻然侧下）

一 勒法第二（如勒马之用缰）

丨 努法第三（用力也）

亅 趯法第四（趯音剔，跳貌与跃同）

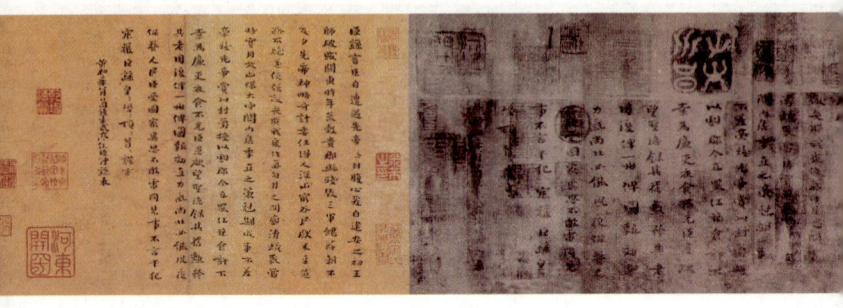

○ 三国时期曹魏　钟繇　楷书　《荐季直表》

╱　策法第五（如策马之用鞭）

丿　掠法第六（如篦之掠发）

丿　啄法第七（如鸟之啄物）

乁　磔法第八（磔音窄，裂牲谓之磔，笔锋开张也）

八笔合成一个永字。宋人姜白石《续书谱》说："真书用笔，自有八法，我尝采古人之字，列之为图，今略言其指。点者，字之眉目，全借顾盼精神，有向有背，……所贵长短合宜，结束坚实。八者，字之手足，伸缩异度，变化多端，要如鱼翼鸟翅，有翩翩自得之状。乚丨者，字之步履，欲其沉实。"这都是说笔画的变形多端，总之，在于反映生命的运动。这些生命运动在宇宙线里感得自由自在，呈"翩翩自得之状"，这就是美。但这些笔画，由于悬腕中锋，运全身之力以赴之，笔迹落纸，一个点不是平铺的一个面，而是有深度的，它是螺旋运动的终点，显示着力量，跳进眼帘。点，不称点而称为

侧,是说它的"势",左顾右瞰,欹侧不平。卫夫人笔阵图里说:"点如高峰坠石,磕磕然实如崩也。"这是何等石破天惊的力量。一个横画本说是横,而称为勒,是说它的"势",牵缰勒马,跃然纸上。钟繇云:"笔迹者界也,流美者人也。""美"就是势、是力、就是虎虎有生气的节奏。这里见到中国人的美学倾向于壮美,和谢赫的《画品录》里的见地相一致。

一笔而具八法,形成一字,一字就像一座建筑,有栋梁椽柱,有间架结构。西方美学从希腊的庙堂抽象出美的规律来。如均衡、比例、对称、和谐、层次、节奏,等等,至今成为西方美学里美的形式的基本范畴,是西方美学首先要加以分析研究的。我们从古人论书法的结构美里也可以得到若干中国美学的范畴,这就可以拿来和西方美学里的诸范畴作比较研究,观其异同,以丰富世界的美学内容,这类工作尚有待我们开始来做。现在我们谈谈中国书法里的结构美。

二、结构

字的结构,又称布白,因字由点画连贯穿插而成,点画的空白处也是字的组成部分,虚实相生,才完成一个艺术品。空白处应当计算在一个字的造形之内,空白要分布适当,和笔画具同等的艺术价值。所以大书家邓石如曾说书法要"计白当黑",无笔墨处也是妙境呀!这也像一座建筑的设计,首先要考虑空间的分布,虚处和实处同样重要。中国书法艺术里这种空间美,在篆、隶、真、草、飞白里有不同的表现,尚待我们钻研;就像西方美学研究哥提式[1]、文艺复兴式、巴洛刻[2]式建筑里那些不同的空间感一样。空间感的不同,表现着一个民族、一个时代、一个阶级,在不同的经济基础上,社会条件里不同的世界观和对生活最深的体会。

◎明　吴宽　《行楷书扇面》

1　哥提式,今译作哥特式。——编者注
2　巴洛刻,今译作巴洛克。——编者注

商周的篆文、秦人的小篆、汉人的隶书八分、魏晋的行草、唐人的真书、宋明的行草，各有各的姿态和风格。古人曾说"晋人尚韵，唐人尚法，宋人尚意，明人尚态"，这是人们开始从字形的结构和布白里见到各时代风格的不同。（书法里这种不同的风格也可以在它们同时代的其他艺术里去考察。）

"唐人尚法"，所以在字体上真书特别发达（当然有它的政治原因、社会基础，现在不多述），他们研究真书的字体结构也特别细致。字体结构中的"法"，唐人的探讨是有成就的。人类是依据美的规律来创造的，唐人所述的书法中的"法"，是我们研究中国古代的美感和美学思想的好资料。

相传唐代大书家欧阳询曾留下真书字体结构法三十六条（故宫现在藏有他自己的墨迹梦奠帖）。由于它的重要，我不嫌累赘，把它全部写出来，供我们研究中国美学的同志们参考，我觉得我们可以从它们开始来窥探中国美学思想里的一些基本范畴。我们可以从书法里的审美观念再通于中国其他艺术，如绘画、建筑、文学、音乐、舞蹈、工艺美术等。我以为这有美学方法论的价值。但一切艺术中的法，只是法，是要灵活运用，要从有法到无法，表现出艺术家独特的个性与风格来，才是真正的艺术。艺术是创造出来，不是"如法炮制"的。何况这三十六条只是适合于真书的，对于其他书体应当研究它们各自的内在的美学规律。现在介绍欧阳询的结字三十六法，是依据戈守智所纂著的《汉溪书法通解》。他自己的阐发也很多精

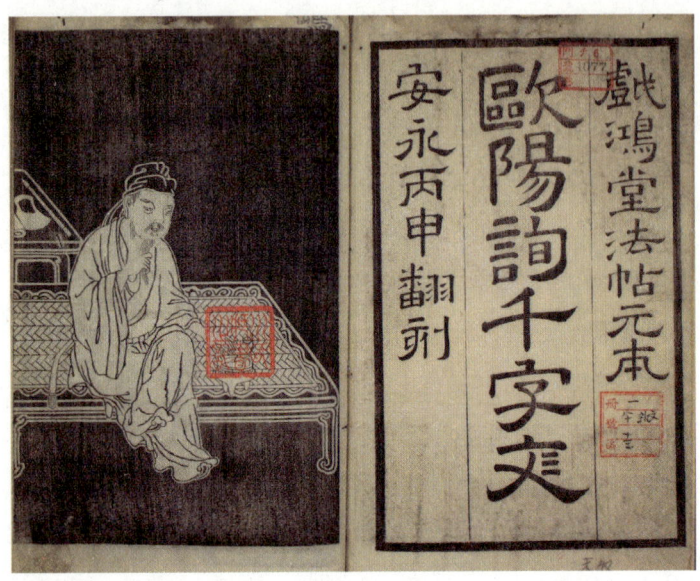

◎唐　欧阳询　《千字文》

义,这里引述不少,不一一注出。

(1)排叠

字欲其排叠,疏密停匀,不可或阔或狭,如[壽藁畫筆麗贏爨]之字,系旁言旁之类,八法所谓分间布白,又曰调匀点画是也。

戈守智说:排者,排之以疏其势。叠者,叠之以密其间也。大凡字之笔画多者,欲其有排特之势。不言促者,欲其字里茂密,如重花叠叶,笔笔生动,而不见拘苦繁杂之态。则排叠之所以善也。故曰"分间布白",谓点画各有位置,则密处不犯而疏处不离。又曰"调匀点画",谓随其字之形体,以调匀其点画之大小与长短疏密也。

李淳亦有堆积二例,谓堆者累累重叠,欲其铺匀。积者,總總繁紊,求其整饬。[晶品畾磊]堆之例也。[爨欝籖縻]积之例也。而别置[壽畺畫量]为匀画一例。[馨聲繁繫]为错综一例,俱不出排叠之法。

(2)避就

避密就疏,避险就易,避远就近。欲其彼此映带得宜,如[庐]字上一撇既尖,下一撇不应相同。[俯]字一笔向下,一笔向左。[逢]字下"辶"拔出,则上笔作点,亦避重叠而就简径也。

(3)顶戴

顶戴者,如人戴物而行,又如人高扒人髻,正看时,欲其上下皆正,使无偏侧之形。旁看时,欲其玲珑松秀,而见结构之巧。如[臺]、[響]、[營]、[帶]。戴之正势也。高低轻重,纤毫不偏。便觉字体稳重。[聳]、[藝]、[髦]、[鵞],戴之侧势也。长短疏密,极意作态,便觉字势峭拔,又此例字,尾轻则灵,尾重则滞,不必过求匀称,反致失势。(戈守智)

(4)穿插

穿者,穿其宽处。插者插其虚处也。如[中]字以竖穿之。[册]字以画穿之。[爽]字以撇穿之。皆穿法也。[曲]字以竖插之,[爾)字以[乂]插之。[密]字以点啄插之。皆插

书画之美 || 131

法也。（戈）

（5）向背

向背，左右之势也。向内者向也。向外者背也。一内一外者，助也。不内不外者，并也。如［好］字为向，［北］字为背，［腿］字助右，［剔］字助左，［贻］、［棘］之字并立。（戈）

（6）偏侧

一字之形，大都斜正反侧，交错而成，然皆有一笔主其势者。陈绎曾所谓以一为主，而七面之势倾向之也。下笔之始，必先审势。势归横直者正。势归斜侧戈勾者偏。（戈）

（7）挑㨰

连者挑，曲者㨰。挑者取其强劲，㨰者意在虚和。如［戈弋丸气］，曲直本是一定，无可变易也。又如［献㦒］之撇，婉转以附左，［省炙］之撇，曲折以承上，此又随字变化，难以枚举也。（戈）

（8）相让

字之左右，或多或少，须彼此相让，方为尽善。如［馬旁糸旁鳥旁］诸字，须左边平直，然后右边可作字，否则妨碍不便。如［巒］字以中央言字上画短，让两糸出，如［辧］字以中央力字近下，让两辛字出。又如［鳴呼］字，口在左者，宜近上，［和］、［扣］字，口在右者，宜近下。使不妨碍然后为佳。

（9）补空

补空，补其空处，使与完处相同，而得四满方正也。又疏势不补,惟密势补之。疏势不补者。谓其势本疏而不整。如(少)字之空右。[戈]字之空左。岂可以点撇补方。密势补之者,如智永千字文书骍字,以左画补右。欧因之以书圣字。法帖中此类甚多,所以完其神理,而调匀其八边也。

又如[年]字谓之空一,谓二画之下,须空出一画地位,而后置第三画也。

[王]字谓之豁二,谓一画之下,须空出两画地位,而后置二画也。"[烹]字谓之隔三,谓了字中勾,须空三画地位,而后置下四点也。右军云"实处就法,虚处藏神",故又不得以匀排为补空。(戈)

按:此段说出虚实相生的妙理,补空要注意"虚处藏神"。补空不是取消虚处,而正是留出空处,而又在空处轻轻着笔,反而显示出虚处,因而气韵流动,空中传神,这是中国艺术创造里一条重要的原理。贯通在许多其他艺术里面。

(10)复盖

复盖者,如宫室之复于上也。宫室取其高大。故下面笔画不宜相著,左右笔势意在能容,而复之尽也。

如[寶容]之类,点须正,画

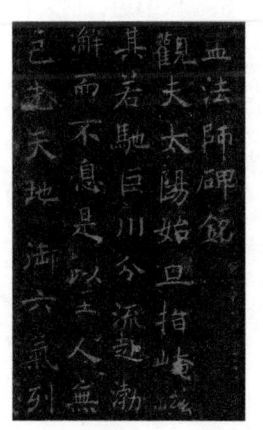

◎唐 褚遂良 《孟法师碑》(局部)

须圆明，不宜相著与上长下短也。

薛绍彭曰：篆多垂势而下含，隶多仰势而上逞。

（11）贴零

如［令今冬寒］之类是也。贴零者因其下点零碎，易于失势，故拈贴之也。疏则字体宽懈，蹙则不分位置。

（12）粘合

字之本相离开者，即欲粘合，使相著顾揖乃佳。如诸偏旁字［卧鑒非門］之类是也。

索靖曰：譬夫和风吹林，偃草扇树，枝条顺气，转相比附。赵孟頫曰毋似束薪，勿为冻蝇。徐渭曰字有惧其疏散而一味扭结，不免束薪冻蝇之似。

（13）捷速

李斯曰用笔之法，先急回，后疾下，如鹰望鹏逝，信之自然，不复重改，王羲之曰一字之中须有缓急，如乌字下，首一点，点须急，横直即须迟，欲乌之急脚，斯乃取形势也。［風鳳］等字亦取腕势，故不欲迟也。《书法三昧》曰［風］字两边皆圆，名金剪刀。

（14）满不要虚

如［圜圖國回包南隔目四勾］之类是也。莫云卿曰为外称内，为内称外，［國圖］等字，内称外也。［齒齒］等，外称内也。

（15）意连

字有形断而意连者如〔之以心必小川州水求〕之类是也。

字有形体不交者，非左右映带，岂能连络，或有点画散布，笔意相反者，尤须起伏照应，空处连络，使形势不相隔绝，则虽疏而不离也。（戈）

（16）复冒

复冒者，注下之势也，务在停匀，不可偏侧欹斜。凡字之上大者，必复冒其下，如〔雨〕字头、〔穴〕字头之类是也。

（17）垂曳

垂者垂左，曳者曳右也。皆展一笔以疏宕之。使不拘挛，凡字左缩者右垂，右缩者左曳，字势所当然也。垂如〔卿鄕都卯夅〕之类。曳如〔水攴欠皮更之走民也〕之类是也（曳，徐也，引也，牵也）。（戈）

（18）借换

如醴泉铭〔祕〕字，就示字右点作必字左点，此借换也。又如〔鹅〕字写作〔鵞〕之类，为其字难结体，故互换如此，亦借换也。作字必从正体，借换之法，不得已而用之。（戈）

（19）增减

字之有难结体者或因笔画少而增添，或因笔画多而减省。（按：六朝人书此类甚多）

（20）应副

字之点画稀少者，欲其彼此相映带，故必得应副相称而后

○东汉　张芝　草书　《冠军帖》

可。又如（龍詩轡轉）之类，必一画对一画，相应亦相副也。

更有左右不均者各自调匀，[瓊曉註軸]一促一疏。相让之中，笔意亦自相应副也。

（21）撑拄

字之独立者必得撑拄，然后劲健可观，如[丁亭手亨宁于矛予可司弓永下卉草巾千]之类是也。

凡作竖，直势易，曲势难，如[千永下草]之字挺拔而笔力易劲，[亨矛于宁弓]之字和婉而笔势难存，故必举一字之结束而注意为之，宁迟毋速，宁重毋佻，所谓如古木之据崖，则善矣。

按：舞蹈也是"和婉而形势难存"的，可在这里领悟劲健之理："宁重毋佻。"

（22）朝揖

朝揖者，偏旁凑合之字也。一字之美，偏旁凑成，分拆看时，各自成美。故朝有朝之美，揖有揖之美。正如百物之状，

活动圆备，各各自足，众美具也。（戈）王世贞曰凡数字合为一字者，必须相顾揖而后联络也。（按：令人联想双人舞）

（23）救应

凡作一字，意中先已构一完成字样，跃跃在纸矣。及下笔时仍复一笔顾一笔，失势者救之，优势者应之，自一笔至十笔廿笔，笔笔回顾，无一懈笔也。（戈）

解缙曰上字之与下字，左行之与右行，横斜疏密，各有攸当，上下连延，左右顾瞩，八面四方，有如布阵，纷纷纭纭，斗乱而不乱，浑浑沌沌，形圆而不可破。

（24）附丽

字之形体有宜相附近者，不可相离，如［影形飛起超飲勉］，凡有［文旁欠旁］者之类。以小附大，以少附多。

附者立一以为正，而以其一为附也。凡附丽者，正势既欲其端凝，而旁附欲其有态，或婉转而流动，或拖沓而偃蹇，或作势而趋先，或迟疑而托后，要相体以立势，并因地以制宜，不可拘也。如［廟飛澗胤嫄懸導影形獻］之类是也。（戈）（按：此段可参考建筑中装饰部分）

（25）回抱

回抱向左者如［曷丐易匊］之类，向右者如［艮鬼包旭它］之类是也。回抱者，回锋向内转笔勾抱也。太宽则散漫而无归，太紧，则逼窄而不可以容物，使其宛转勾环，如抱冲和之气，则笔势浑脱而力归手腕，书之神品也。（戈）

（26）包裹

谓如［圜圖］之类，四围包裹也。［尚向］上包下，［幽凶］下包上。［匮匡］左包右，［甸匈］右包左之类是也。包裹之势要以端方而得流利为贵。非端方之难，端方而得流利之为难。

（27）小成大

字之大体犹屋之有墙壁也。墙壁既毁，安问纱窗绣户，此以大成小之势不可不知。然亦有极小之处而全体结束在此者。设或一点失所，则若美人之病一目。一画失势，则如壮士之折一股。此以小成大之势，更不可不知。

字以大成小者，如［門辶］之类。明人项穆曰："初学之士先立大体，横直安置，对待布白，务求匀齐方正，此以大成小也。"以小成大，则字之成形极其小。如［孤］字只在末后一捺，［寧］字只在末后一亅，［欠］字只在末后一点之类是也。《书诀》云："一点成一字之规，一字乃通篇之主。"

（28）小大成形

谓小字大字各有形势也。东坡曰："大字难于密结而无间，小字难于宽绰而有余。"若能大字密结，小字宽绰，则尽善尽美矣。

（29）小大与大小

《书法》曰大字促令小，小字放令大，自然宽猛得宜。譬如［曰］字之小，难与［國］字同大，如［一］［二］字之疏，亦欲字画与密者相间，必当思所以位置排布，令相映带得宜，然后为上。或曰谓上小下大，上大下小，欲其相称，亦一说也。

李淳曰："长者原不喜短，短者切勿求长。如［自目耳茸］与［白曰四］是也。大者既大，而妙于攒簇，小者虽小，而贵在丰严，如［囊橐］与［厶工］之类是也。"米芾曰："字有大小相称。且如写'太一之殿'，作四窠分，岂可将'一'字肥满一窠以配殿字乎？盖自有相称，大小不展促也。余尝书'天庆之观'，'天''之'字皆四笔，'慶''觀'字多画，俱在下。各随其相称写之，挂起气势自带过，皆如大小一般，真有飞动之势也。"

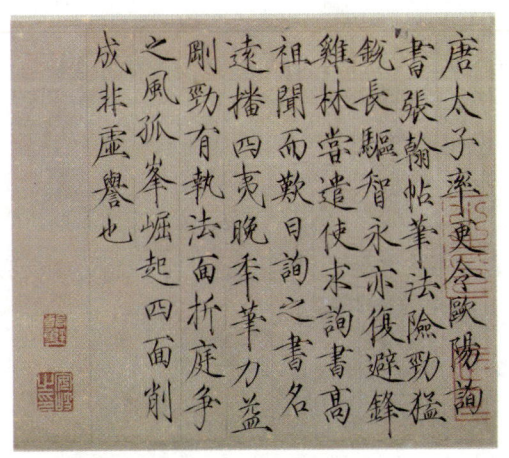

◎北宋　赵佶　《跋欧阳询行书张翰帖》（局部）

（30）各自成形

凡写字，欲其合为一字亦好，分而异体亦好，由其能各自成形也。

（31）相管领

以上管下为"管"，以前领后之为"领"。由一笔而至全字，彼此顾盼，不失位置。由一字以至全篇，其气势能管束到底也。

（32）应接

字之点画欲其互相应接。两点者如［小八忄］自相应接，三点者如［糸］则左朝右，中朝上，右朝左。四点者如［然］、［無］二字，则两旁两点相应，中间相接。

张绅说："古之写字，正如作文。有字法，有章法，有篇法。终篇结构，首尾相应。故羲之能为一笔书，谓《禊序》自'永'字至'文'字，笔意顾盼，朝向偃仰，阴阳起伏，笔笔不断，人不能也。"

（33）褊

魏风"维是褊心"陿陋之意也。又衣小谓之褊。故曰收敛紧密也。盖欧书之不及钟王者以其褊，而其得力亦在于褊。褊者欧之本色也。然如化度，九成，未始非冠裳玉佩，气度雍雍，既不寒俭而亦不轻浮。（戈）

（34）左小右大

左小右大，左荣右枯，皆执笔偏右之故。大抵作书须结体平正，若促左宽右，书之病也。

此一节乃字之病，左右大小，欲其相停。人之结字，易于左小而右大，故此与下二节，皆著其病也。

（35）左高右低 左短右长

此二节皆字之病。

（36）却好

谓其包裹斗凑，不致失势，结束停当，皆得其宜也。

却好，恰到好处也。戈守智曰："诸篇结构之法，不过求其却好。疏密却好，排叠是也。远近却好，避就是也。上势却好，顶戴，复冒，复盖是也。下势却好，贴零，垂曳，撑拄是也。对代者，分亦有情，向背朝揖，相让，各自成形之却好也。联络者，交而不犯，粘合，意连，应副，附丽，应接之却

◎东汉　佚名　《张迁碑》（局部）

好也。实则串插,虚则管领,合则救应,离则成形。因乎其所本然者而却好也。互换其大体,增减其小节,移实以补虚,借彼以益此。易乎其所同然者而却好也。撱者屈己以和,抱者虚中以待,谦之所以却好也。包者外张其势,满者内固其体,盈之所以却好也。褊者紧密,偏者偏侧,捷者捷速,令用时便非弊病,笔有大小,体有大小,书有大小,安置处更饶区分。故明结构之法,方得字体却好也。至于神妙变化在己,究亦不出规矩外也。"(按:这段"却好"总结了书法美学,值得我们细玩。)

这一自古相传欧阳询的结体三十六法,是从真书的结构分析出字体美的构成诸法,一切是以美为目标。为了实现美,不怕依据美的规律来改变字形,就像希腊的建筑,为了创造美的形象,也改变了石柱形,不按照几何形学的线。我们古代美学里所阐明的美的形式的范畴在这里可以找到一些具体资料,这是对我们美学史研究者很有意义的事。这类的美学范畴,在别的艺术门类里,应当也可以发掘和整理出来。(在书法范围内,草书、篆书、隶书又有它们各自的美学规律,更应进行研究。)还有一层,中国书法里结体的规律,正像西洋建筑里结构规律那样,它们启示着西洋古希腊及中古哥提式艺术里空间感的型式,中国书法里的结体也显示着中国人的空间感的型式。我以前在另一文里说过:"中国画里的空间构造,既不是凭借光影的烘染衬托,也不是移写雕像立体及建筑里的几何透视,而是显示一种类似音乐或舞蹈所引起的空间感型。确切地说,就是一种'书法的空间创造'。"[1]

我们研究中国书法里的结体规律,是应当从这一较广泛、较深入的角度来进行的。这是一个美学的课题,也是一个意识形态史功课题。

从字体的个体结构到一幅整篇的章法,是这结构规律的扩张和应用。现在我们略谈章法,更可以窥探中国人的空间感的特征。

三、章法

以上所述字体结构三十六法里有"相管领"与"应接"二条已不是专论单个字体,同时也是一篇文字全幅的章法了。戈守智说:"凡作字者,首写一字,其气势便能管束到底,则此一字便是通篇之领袖矣。假使一字之中有一二懈笔,即不能管领一行,一幅之中有几处出入,即不能管领一幅,此管领之法也。应接者,错举[2]一字而言也。如上字作如何体段,此字便当如何应接,右行作如何体段,此字又当如何应接。假使上字连用大捺,则用翻点以承之。右行连用大捺,则用轻掠以应之,

---

1　参看本书《中西画法所表现的空间意识》一文。
2　按:"错举"即随便举出一个字。

○晋 王羲之 《兰亭序》

行行相向，字字相承，俱有意态，正如宾朋杂坐，交相应接也。又管领者如始之倡，应接者如后之随也。"

"相管领"好像一个乐曲里的主题，贯穿着和团结着全曲于不散，同时表出作者的基本乐思。"应接"就是在各个变化里相互照应，相互联系。这是艺术布局章法的基本原则。

我前曾引述过张绅说："古之写字，正如作文，有字法，有章法，有篇法。终篇结构，首尾相应。故羲之能为一笔书，谓《禊序》（即《兰亭序》）自'永'字至'文'字，笔意顾盼，朝向偃仰，阴阳起伏，笔笔不断，人不能也。"王羲之的《兰亭序》，不仅每个字结构优美，更注意全篇的章法布白，前后相管领，相接应，有主题，有变化。全篇中有十八个"之"字，每个结体不同，神态各异，暗示着变化，却又贯穿和联系着全篇。既执行着管领的任务，又于变化中前后相互接应，构成全幅的联络，使全篇从第一字"永"到末一字"文"一气贯注，风神潇洒，不粘不脱，表现王羲之的精神风度，也标出晋人对于美的最高理想。毋怪唐太宗和唐代各大书家那样宝爱它了。他们临写兰亭时，各有他不同的笔意，褚摹欧摹神情两样，但全篇的章法，分行布白，不敢稍有移动，兰亭的章法真具有美的典型的意义了。

王羲之题卫夫人《笔阵图》说："夫欲书者，先干研墨，凝神静思，预想字形大小，偃仰平直，振动令筋脉相连，意在笔前，然后作字。若平直相似，状若算子（即算盘上的算子），上下方整，前后齐平，此不是书，但得其点画尔！"

这段话指出了后世馆阁体、干禄书的弊病。我们现在爱好魏晋六朝的书法，北碑上不知名的人各种跌宕不羁的结构，它们正暗合羲之的指示。然而羲之的兰亭仍是千古绝作，不可企及。他自己也不能写出第二幅来，这里是创造。

从这种"创造"里才能涌出真正的艺术意境。意境不是自然主义地模写现实，也不是抽象的空想的构造。它是从生活的极深刻的和丰富的体验，情感浓郁，思想沉挚里突然地创造性地冒了出来的。音乐家凭它来制作乐调，书家凭它写出艺术性的书法，每一篇的章法是一个独创，表出独特的风格，丰富了人类的艺术收获。我们从《兰亭序》里欣赏到中国书法的美，也证实了羲之对于书法的美学思想。

至于殷代甲骨文、商周铜器款识，它们的布白之美，早已被人们赞赏。铜器的"款识"虽只寥寥几个字，形体简约，而

◎西周　大盂鼎　铭文碑拓

布白巧妙奇绝,令人玩味不尽,愈深入地去领略,愈觉幽深无际,把握不住,绝不是几何学、数学的理智所能规划出来的。长篇的金文也能在整齐之中疏宕自在,充分表现书家的自由而又严谨的感觉。

殷初的文字中往往间以纯象形文字,大小参差、牡牝相衔,以全体为一字,更能见到相管领与接应之美。

中国古代商周铜器铭文里所表现章法的美,令人相信传说仓颉四目窥见了宇宙的神奇,获得自然界最深妙的形式的秘密。歌德曾论作品说:"题材人人看得见,内容意义经过努力可以把握,而形式对大多数人是一秘密。"

我们要窥探中国书法里章法、布白的美,探寻它的秘密,首先要从铜器铭文入手。我现在引述郭宝钧先生《由铜器研究所见到之古代艺术》[1]里一段论述来结束我这篇小文。郭先生说:

> 铭文排列以下行而左(即右行)为常式。在契文(即殷文)有龟板限制,卜兆或左或右,卜辞应之,因有下行而右(即左行)之对刻,金铭有踵为之者。又有分段接读者,有顺倒相间者,有文字行列皆反书者,皆偶有例也。章法展延,以长方幅为多,行小者纵长,行多者横长,亦有应适地位,上下参差,呈错落之状者,有以兽环为中心,展列九十度扇面式,兼为装饰者(在器外壁),后世书法演为艺术品,张挂屏联,与壁画同重,于此已兆其朕。铭既下行,篆时一挥而下,故形成脉络相注之行气,而行与行间,在早期因字体结构不同,或长跨数字,或缩为一点,犄角错落,顾盼生姿。中晚期或界划方格,渐趋整饬,不惟注意纵贯,且多顾及横平,开秦篆汉隶之端矣。铭文所在,在同一器类,同一时代,大抵有定所。如早期鼎甗鬲位内壁两耳间,角单足,盘簋位内底;角爵斝杯位鋬阴;戈矛斧瞿在柄内;舦在足下外底,均为骤视不易见,细察又易见之地。骤视不易见者,不欲伤表面之美也。细察又易

---

[1] 《文史》杂志,1944年2月第3卷,第3、4合刊。

见者，附铭识别之本意也，似古人对书画，有表里公私之辨认。画者世之所同也，因在表，惟恐人之不见，以彰其美，有一道同风之意焉。铭者己之所独也，因在里，惟恐人之遽见，以藏其私，有默而识之之意焉（以器容物，则铭文被淹，然若遗失则有识别）。此早期格局也。中期以铭文为宝书，尚巨制，器小莫容，集中鼎簋。以二者口阔底平，便施工也。晚期简帛盛行，金铭反简短，器尚薄制，铸者少，刻者多。为施工之便，故鬲移器口，鼎移外肩，壶移盖周，随工艺为转移。至各期具盖之器，大抵对铭，可互校以识新义。同组同铸之器，大抵同铭，如列鼎编钟，亦有互校之益。又有一铭分载多器者，齐侯七钟其适例（簋亦有此，见澄秋馆□卷□页）。

铜器铭刻因适应各器的形状、用途及制造等等条件，变易它们的行列、方向、地位，于是受迫而呈现不同的形式，却更使它们丰富多样，增加艺术价值。令人见到古代劳动人民在创制中如何与美相结合。

论中西画法的渊源与基础[1]

人类在生活中所体验的境界与意义，有用逻辑的体系范围之、条理之，以表出来的，这是科学与哲学。有在人生的实践行为或人格心灵的态度里表达出来的，这是道德与宗教。但也还有那在实践生活中体味万物的形象，天机活泼，深入"生命节奏的核心"，以自由谐和的形式，表达出人生最深的意趣，这就是"美"与"美术"。

所以美与美术的特点是在"形式"、在"节奏"，而它所表现的是生命的内核，是生命内部最深的动，是至动而有条理的生命情调。"一切的艺术都是趋向音乐的状态。"这是派脱（W. Pater）最堪玩味的名言。

美术中所谓形式，如数量的比例、形线的排列（建筑）、

---

[1] 作者原注："德国学者菲歇尔博士 Dr. Otto Fischer 近著《中国汉代绘画》一书，极有价值。拙文颇得暗示与兴感，特在此介绍于国人。又拙文《介绍两本关于中国画学的书并论中国的绘画》，可与此文参看。"本文原载中央大学《文艺丛刊》，第1卷，第2期，1934年10月出版。

色彩的和谐（绘画）、音律的节奏，都是抽象的点、线、面、体或声音的交织结构。为了集中地提高地和深入地反映现实的形相及心情诸感，使人在摇曳荡漾的律动与谐和中窥见真理，引人发无穷的意趣，绵渺的思想。

所以，形式的作用可以别为三项：

（一）美的形式的组织，使一片自然或人生的内容自成一独立的有机体的形象，引动我们对它能有集中的注意、深入的体验。"间隔化"是"形式"的消极的功用。美的对象之第一步需要间隔。图画的框、雕像的石座、堂宇的栏干台阶、剧台的帘幕（新式的配光法及观众坐黑暗中）、从窗眼窥青山一角、登高俯瞰黑夜幕罩的灯火街市，这些美的境界都是由各种间隔作用造成。

（二）美的形式之积极的作用是组织、集合、配置。一言蔽之，是构图。使片景孤境能织成一内在自足的境界，无待于外而自成一意义丰满的小宇宙，启示着宇宙人生的更深一层的真实。

希腊大建筑家以极简单朴质的形体线条构造典雅庙堂，使人千载之下瞻赏之犹有无穷高远圣美的意境，令人不能忘怀。

（三）形式之最后与最深的作用，就是它不只是化实相为空灵，引人精神飞越，超入美境；而尤在它能进一步引人"由美入真"，探入生命节奏的核心。世界上唯有最生动的艺术形式……如音乐、舞蹈姿态、建筑、书法、中国戏面谱、钟鼎彝器的形态与花纹……乃最能表达人类不可言、不可状之心灵姿式与生命的律动。

每一个伟大时代，伟大的文化，都欲在实用生活之余裕，或在社会的重要典礼，以庄严的建筑、崇高的音乐、宏丽的舞蹈，表达这生命的高潮、一代精神的最深节奏。（北平天坛及祈年殿是象征中国古代宇宙观最伟大的建筑）建筑形体的抽象结构、音乐的节律与和谐、舞蹈的线纹姿式，乃最能表现吾人深心的情调与律动。

吾人借此返于"失去了的和谐，埋没了的节奏"，重新获得生命的中心，乃得真自由、真生命。美术对于人生的意义与价值在此。

◎南宋　佚名　《青枫巨蝶图》

中国的瓦木建筑易于毁灭,圆雕艺术不及希腊发达,古代封建礼乐生活之形式美也早已破灭。民族的天才乃借笔墨的飞舞,写胸中的逸气(逸气即是自由的超脱的心灵节奏)。所以中国画法不重具体物象的刻画,而倾向抽象的笔墨表达人格心情与意境。中国画是一种建筑的形线美、音乐的节奏美、舞蹈的姿态美。其要素不在机械的写实,而在创造意象,虽然它的出发点也极重写实,如花鸟画写生的精妙,为世界第一。

中国画真像一种舞蹈,画家解衣盘礴,任意挥洒。他的精神与着重点在全幅的节奏生命而不沾滞于个体形象的刻画。画家用笔墨的浓淡,点线的交错,明暗虚实的互映,形体气势的开合,谱成一幅如音乐如舞蹈的图案。物体形象固宛然在目,然而飞动摇曳,似真似幻,完全溶解浑化在笔墨点线的互流交错之中!

西洋自埃及、希腊以来传统的画风,是在一幅幻现立体空间的画境中描出圆雕式的物体。特重透视法、解剖学、光影凸凹的晕染。画境似可走进,似可手摩,它们的渊源与背景是埃及、希腊的雕刻艺术与建筑空间。

在中国则人体圆雕远不及希腊发达,亦未臻最高的纯雕刻风味的境界。晋、唐以来塑像反受画境影响,具有画风。杨惠之的雕塑是和吴道子的绘画相通。不似希腊的立体雕刻成为西洋后来画家的范本。而商、周钟鼎敦尊等彝器则形态沉重浑穆、典雅和美,其表现中国宇宙情绪可与希腊神像雕刻相当。

中国的画境、画风与画法的特点当在此种钟鼎彝器盘鉴的花纹图案及汉代壁画中求之。

在这些花纹中人物、禽兽、虫鱼、龙凤等飞动的形象，跳跃宛转，活泼异常。但它们完全溶化浑合于全幅图案的流动花纹线条里面。物象融于花纹，花纹亦即原本于物象形线的蜕化、僵化。每一个动物形象是一组飞动线纹之节奏的交织，而融合在全幅花纹的交响曲中。它们个个生动，而个个抽象化，不雕凿凹凸立体的形似，而注重飞动姿态之节奏和韵律的表现。这内部的运动，用线纹表达出来的，就是物的"骨气"（张彦远《历代名画记》云：古之画或遗其形似而尚其骨气）。骨是主持"动"的肢体，写骨气即是写着动的核心。中国绘画六法中之"骨法用笔"，即系运用笔法把捉物的骨气以表现生命动象。所谓"气韵生动"是骨法用笔的目标与结果。

在这种点线交流的律动的形象里面，立体的、静的空间失去意义，它不复是位置物体的间架。画幅中飞动的物象与"空白"处处交融，结成全幅流动的虚灵的节奏。空白在中国画里不复是包举万象位置万物的轮廓，而是融入万物内部，参加万象之动的虚灵的"道"。画幅中虚实明暗交融互映，构成飘渺浮动的氤氲气韵，真如我们目睹的山川真景。此中有明暗、有凹凸、有宇宙空间的深远，但却没有立体的刻画痕；亦不似西洋油画如何走进的实景，乃是一片神游的意境。因为中国画法以抽象的笔墨把捉物象骨气，写出物的内部生命，则"立体体

◎北宋　郭熙　《秋山行旅图》

积"的"深度"之感也自然产生，正不必刻画雕凿，渲染凹凸，反失真态，流于板滞。

然而，中国画既超脱了刻板的立体空间、凹凸实体及光线阴影；于是它的画法乃能笔笔灵虚，不滞于物，而又笔笔写实，为物传神。唐志契的《绘事微言》中有句云："墨沈留川影，笔花传石神。"笔既不滞于物，笔乃留有余地，抒写作家自己胸中浩荡之思、奇逸之趣。而引书法入画乃成中国画第一特点。董其昌云："以草隶奇字之法为之，树如屈铁，山如画沙，绝去甜俗蹊径，乃为士气。"中国特有的艺术"书法"实为中国绘画的骨干，各种点线皴法溶解万象超入灵虚妙境，而融诗心、诗境于画景，亦成为中国画第二特色。中国乐教失传，诗人不能弦歌，乃将心灵的情韵表现于书法、画法。书法尤为代替音乐的抽象艺术。在画幅上题诗写字，借书法以点醒画中的笔法，借诗句以衬出画中意境，而并不觉其破坏画景（在西洋油画上题句即破坏其写实幻境），这又是中国画可注意的特色，因中、西画法所表现的"境界层"根本不同：一为写实的，一为虚灵的；一为物我对立的，一为物我浑融的。中国画以书法为骨干，以诗境为灵魂，诗、书、画同属于一境层。西画以建筑空间为间架，以雕塑人体为对象，建筑、雕刻、油画同属于一境层。中国画运用笔勾的线纹及墨色的浓淡直接表达生命情调，透入物象的核心，其精神简淡幽微，"洗尽尘滓，独存孤迥"。唐代大批评家张彦远说："得其形似，则无其气韵。具其彩色，则失其笔法。"遗形似而尚骨气，薄彩色以重笔法。"超以象外，得其环中"，这是中国画宋元以后的趋向。然而形似逼真与色彩浓丽，却正是西洋油画的特色。中西绘画的趋向不同如此。

商、周的钟鼎彝器及盘鉴上图案花纹进展而为汉代壁画，人物、禽兽已渐从花纹图案的包围中解放，然在汉画中还常看到花纹遗迹环绕起伏于人兽飞动的姿态中间，以联系呼应全幅的节奏。东晋顾恺之的画全从汉画脱胎，以线纹流动之美（如春蚕吐丝）组织人物衣褶，构成全幅生动的画面。而中国人物画之发展乃与西洋大异其趣。西洋人物画脱胎于希腊的雕刻，以全身肢体之立体的描摹为主要。中国人物画则一方着重眸子的传神，另一方则在衣褶的飘洒流动中，以各式线纹的描法表现各种性格与生命姿态。南北朝时印度传来西方晕染凹凸阴影之法，虽一时有人模仿（张僧繇曾于一乘寺门上画凹凸花，远望眼晕如真），然终为中国画风所排斥放弃，不合中国心理。

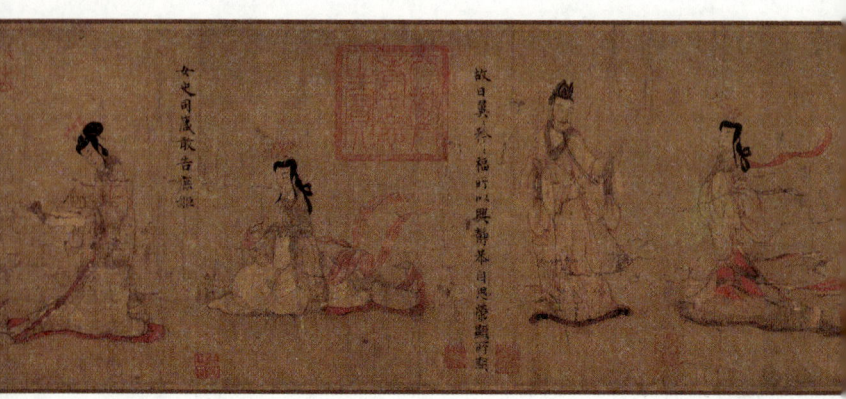

◎东晋　顾恺之　《女史箴图》

中国画自有它独特的宇宙观点与生命情调,一贯相承,至宋元山水画、花鸟画发达,它的特殊画风更为显著。以各式抽象的点、线渲皴擦摄取万物的骨相与气韵,其妙处尤在点画离披,时见缺落,逸笔撇脱,若断若续,而一点一拂,具含气韵。以丰富的暗示力与象征力代形象的实写,超脱而浑厚。大痴山人画山水,苍苍莽莽,浑化无迹,而气韵蓬松,得山川的元气;其最不似处、最荒率处,最为得神。似真似梦的境界涵浑在一无形无迹而又无往不在的虚空中——"色即是空,空即是色",气韵流动,是诗、是音乐、是舞蹈,不是立体的雕刻!

中国画既以"气韵生动"即"生命的律动"为终始的对象,而以笔法取物之骨气,所谓"骨法用笔"为绘画的手段,于是晋谢赫的六法以"应物象形""随类赋彩"之模仿自然,及"经营位置"之研究和谐、秩序、比例、匀称等问题列在

三四等地位。然而这"模仿自然"及"形式美"(即和谐、比例等),却系占据西洋美学思想发展之中心的二大中心问题。希腊艺术理论尤不能越此范围。[1] 惟逮至近代西洋人"浮士德精神"的发展,美学与艺术理论中乃产生"生命表现"及"情感移入"等问题。而西洋艺术亦自廿世纪起乃思超脱这传统的观点,辟新宇宙观,于是有立体主义、表现主义等对传统的反动,然终系西洋绘画中所产生的纠纷,与中国绘画的作风立场究竟不相同。

西洋文化的主要基础在希腊,西洋绘画的基础也就在希腊的艺术。希腊民族是艺术与哲学的民族,而它在艺术上最高的表现是建筑与雕刻。希腊的庙堂圣殿是希腊文化生活的中心。

---

1 参看拙文:《哲学与艺术——希腊大哲学家的艺术理论》。

它们清丽高雅、庄严朴质,尽量表现"和谐、匀称、整齐、凝重、静穆"的形式美。远眺雅典圣殿的柱廊,真如一曲凝住了的音乐。哲学家毕达哥拉斯视宇宙的基本结构,是在数量的比例中表示着音乐式的和谐。希腊的建筑确象征了这种形式严整的宇宙观。柏拉图所称为宇宙本体的"理念",也是一种合于数学形体的理想图形。亚里士多德也以"形式"与"质料"为宇宙构造的原理。当时以"和谐、秩序、比例、平衡"为美的最高标准与理想,几乎是一班希腊哲学家与艺术家共同的论调,而这些也是希腊艺术美的特殊征象。

然而希腊艺术除建筑外,尤重雕刻。雕刻则系模范人体,取象"自然"。当时艺术家竞以写幻逼真为贵。于是"模仿自然"也几乎成为希腊哲学家、艺术家共同的艺术理论。柏拉图因艺术是模仿自然而轻视它的价值。亚里士多德也以模仿自然说明艺术。这种艺术见解与主张系由于观察当时盛行的雕刻艺术而发生,是无可怀疑的。雕刻的对象"人体"是宇宙间具体而微,近而静的对象。进一步研究透视术与解剖学自是当然之事。中国绘画的渊源基础却系在商周钟鼎镜盘上所雕绘大自然深山大泽的龙蛇虎豹、星云鸟兽的飞动形态,而以卐字纹、回纹等连成各式模样以为底,借以象征宇宙生命的节奏。它的境界是一全幅的天地,不是单个的人体。它的笔法是流动有律的线纹,不是静止立体的形象。当时人尚系在山泽原野中与天地的大气流衍及自然界奇禽异兽的活泼生命相接触,且对之有神魔的感觉(《楚辞》中所表现的境界)。他们从深心里感觉万物有神魔的生命与力量。所以他们雕绘的生物也琦玮诡谲，呈现异样的生气魔力。(近代人视宇宙为平凡，绘出来的境界也就平凡。所写的虎豹是动物园铁栏里的虎豹，自缺少深山大泽的气象。)希腊人住在文明整洁的城市中，地中海日光朗丽，一切物象轮廓清楚。思想亦游泳于清明的逻辑与几何学中。神秘奇诡的幻感渐失，神们也失去深沉的神秘性，只是一种在高明愉快境域里的人生。人体的美，是他们的渴念。在人体美中发现宇宙的秩序、和谐、比例、平衡，即是发现"神"，因为这些即是宇宙结构的原理，神的象征。人体雕刻与神殿建筑是希腊艺术的极峰，它们也确实表现了希腊人的"神的境界"与

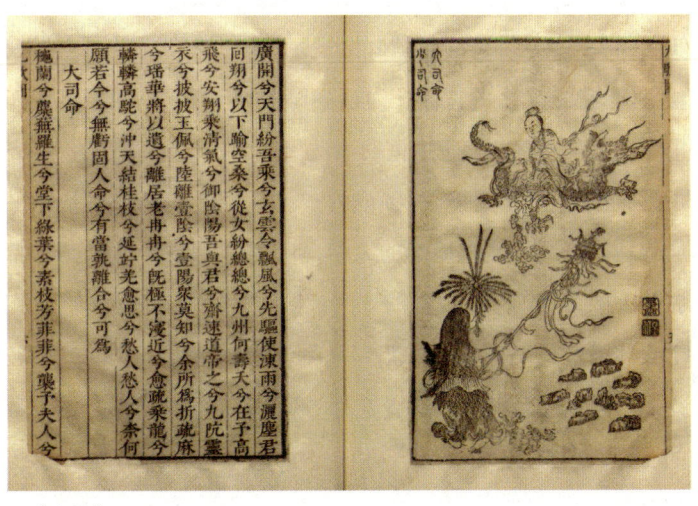

◎《离骚》

"理想的美"。

西洋绘画的发展也就以这两种伟大艺术为背景、为基础,而决定了它特殊的路线与境界。

希腊的画,如庞贝古城遗迹所见的壁画,可以说是移雕像于画面,远看直如立体雕刻的摄影。立体的圆雕式的人体静坐或站立在透视的建筑空间里。后来西洋画法所用油色与毛刷尤适合于这种雕塑的描形。以这种画与中国古代花纹图案画或汉代南阳及四川壁画相对照,其动静之殊令人惊异。一为飞动的线纹,一为沈重的雕像。谢赫的六法以气韵生动为首目,确系说明中国画的特点,而中国哲学如《易经》以"动"说明宇宙人生(天行健,君子以自强不息),正与中国艺术精神相表里。

希腊艺术理论既因建筑与雕刻两大美术的暗示,以"形式美"(即基于建筑美的和谐、比例、对称平衡等)及"自然模仿"(即雕刻艺术的特性)为最高原理,于是理想的艺术创作即系在模仿自然的实相中同时表达出和谐、比例、平衡、整齐的形式美。一座人体雕像须成为一"型范的",即具体形象融合于标准形式,实现理想的人相,所谓柏拉图的"理念"。希腊伟大的雕刻确系表现那柏拉图哲学所发挥的理念世界。它们的人体雕像是人类永久的理想型范,是人世间的神境。这位轻视当时艺术的哲学家,不料他的"理念论"反成希腊艺术适合的注释,且成为后来千百年西洋美学与艺术理论的中心概念与问题。

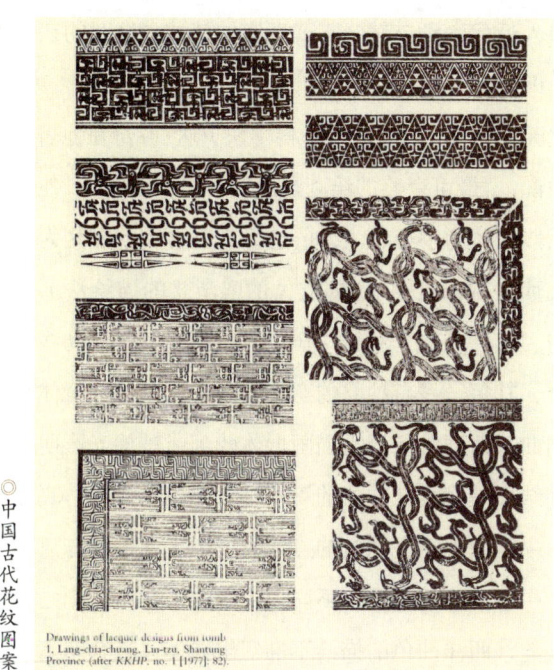

◎中国古代花纹图案

Drawings of lacquer designs from tomb 1, Lang-chia-chuang, Lin-tzu, Shantung Province (after KKHP, no. 1 [1977]: 82).

西洋中古时的艺术文化因基督教的禁欲思想，不能有希腊的茂盛，号称黑暗时期。然而哥特式的大教堂高耸入云，表现强烈的出世精神，其雕刻神像也全受宗教热情的支配，富于表现的能力，实灌输一种新境界、新技术给与西洋艺术。然而须近代西洋人始能重新了解它的意义与价值。（前之如歌德，近之如法国罗丹及德国的艺术学者。而近代浪漫主义、表现主义的艺术运动，也于此寻找他们的精神渊源。）

十五六世纪"文艺复兴"的艺术运动则远承希腊的立场

而更渗入近代崇拜自然、陶醉现实的精神。这时的艺术有两大目标，即"真"与"美"。所谓真，即系模范自然，刻意写实。当时大天才（画家、雕刻家、科学家）达·芬奇在他著名的《画论》中说："最可夸奖的绘画是最能形似的绘画。"他们所描摹的自然以人体为中心，人体的造像又以希腊的雕刻为范本。所以达文西又说："圆描（即立体的雕塑式的描绘法）是绘画的主体与灵魂。"（白华按：中国的人物画系一组流动线纹之节律的组合，其每一线有独立的意义与表现，以参加全体点线音乐的交响曲。西画线条乃为描画形体轮廓或皴擦光影明暗的一分子，其结果是隐没在立体的境相里，不见其痕迹，真可谓隐迹立形。中国画则正在独立的点线皴擦中表现境界与风格。然而亦由于中、西绘画工具之不同，中国的墨色若一刻画，即失去光彩气韵，西洋油色的描绘不惟幻出立体，且有明暗闪耀烘托无限情韵，可称"色彩的诗"，而轮廓及衣褶线纹亦有其来自希腊雕刻的高贵的美。）达·芬奇这句话道出了西洋画的特点。移雕刻入画面是西洋画传统的立场。因着重极端的求"真"，艺术家从事人体的解剖，以祈认识内部构造的真相。尸体难得且犯禁，艺术家往往黑夜赴坟地盗尸，斗室中灯光下秘密支解，若有无穷意味。达·芬奇也曾亲手解剖男女尸体三十余，雕刻家唐迪自夸曾手剖八十三尸体之多。这是西洋艺术家的科学精神及西洋艺术的科学基础。还有一种科学也是西洋艺术的特殊观点所产生，这就是极为重要的透视学。绘画既重视自然对象之立体的描摹，而立体对象是位置在三进向的空间，于是极重要的透视术乃被建筑家卜鲁勒莱西（Brunelleci）于15世纪初期发现，建筑家阿柏蒂（Alberti）第一次写成书。透视学与解剖学为西洋画家所必修，就同书法与诗为中国画家所必涵养一样。而阐发这两种与西洋油画有如此重要关系之学术者为大雕刻家与建筑家，也就同阐发中国画理论及提高中国画地位者为诗人、书家一样。

求真的精神既如上述，求真之外则求"美"，为文艺复兴时画家之热烈的憧憬。真理披着美丽的外衣，寄"自然模仿"于"和谐形式"之中，是当时艺术家的一致的企图。而和谐的形式美则又以希腊的建筑为最高的型范。希腊建筑如帕提农神

◎达·芬奇 抱婴儿的母亲

书画之美 | 163

庙（Parthenon）的万神殿表象着宇宙永久秩序；庄严整齐，不愧神灵的居宅。大建筑学家阿柏蒂在他的名著《建筑论》中说："美即是各部分之谐合，不能增一分，不能减一分。"又说："美是一种协调，一种和声。各都会归于全体，依据数量关系与秩序，适如最圆满之自然律'和谐'所要求。"于此可见文艺复兴所追求的美仍是踵步希腊，以亚里士多德所谓"复杂中之统一"（形式和谐）为美的准则。

"模仿自然"与"和谐的形式"为西洋传统艺术（所谓古典艺术）的中心观念已如上述。模仿自然是艺术的"内容"，形式和谐是艺术的"外形"，形式与内容乃成西洋美学史的中心问题。在中国画学的六法中则"应物象形"（即模仿自然）与"经营位置"（即形式和谐）列在第三第四的地位。中、西趋向之不同，于此可见。然则西洋绘画不讲求气韵生动与骨法用笔么？似又不然！

西洋画因脱胎于希腊雕刻，重视立体的描摹；而雕刻形体之凹凸的显露实又凭借光线与阴影。画家用油色烘染出立体的凹凸，同时一种光影的明暗闪动跳跃于全幅画面，使画境空灵生动，自生气韵。故西洋油画表现气韵生动，实较中国色彩为易。而中国画则因工具写光困难，乃另辟蹊径，不在刻画凸凹的写实上求生活，而舍具体、趋抽象，于笔墨点线皴擦的表现力上见本领。其结果则笔情墨韵中点线交织，成一音乐性的"谱构"。其气韵生动为幽淡的、微妙的、静寂的、洒落的，没

◎古斯塔夫·卡耶博特 油画

有彩色的喧哗眩耀,而富于心灵的幽深淡远。

中国画运用笔法墨气以外取物的骨相神态,内表人格心灵。不敷彩色而神韵骨气已足。西洋画则各人有各人的"色调"以表现各个性所见色相世界及自心的情韵。色彩的音乐与点线的音乐各有所长。中国画以墨调色,其浓淡明晦,映发光彩,相等于油画之光。清人沈宗骞在《芥舟学画篇》里论人物画法说:"盖画以骨格为主。骨干只须以笔墨写出,笔墨有神,则未设色之前,天然有一种应得之色,隐现于衣裳环佩之间,因而附之,自然深浅得宜,神彩焕发。"在这几句话里又看出中国画的笔墨骨法与西洋画雕塑式的圆描法根本取象不同，又看出彩色在中国画上的地位，系附于笔墨骨法之下，宜于简淡，不似在西洋油画中处于主体地位。虽然"一切的艺术都是趋向音乐"，而华堂弦响与明月箫声，其韵调自别。

西洋文艺复兴时代的艺术虽根基于希腊的立场，着重自然模仿与形式美，然而一种近代人生的新精神，已潜伏滋生。"积极活动的生命"和"企向无限的憧憬"，是这新精神的内容。热爱大自然，陶醉于现世的美丽；眷念于光、色、空气。绘画上的彩色主义替代了希腊云石雕像的净素妍雅。所谓"绘画的风俗"继古典主义之"雕刻的风格"而兴起。于是古典主义与浪漫主义，印象主义、写实主义与表现主义、立体主义的争执支配了近代的画坛。然而西洋油画中所谓"绘画的风格"，重明暗光影的韵调，仍系来源于立体雕刻上的阴影及其光的氛围。罗丹的雕刻就是一种"绘画风格"的雕刻。西洋油画境界是光影的气韵包围着立体雕像的核心。其"境界层"与中国画的抽象笔墨之超实相的结构终不相同。就是近代的印象主义，也不外乎是极端的描摹目睹的印象（渊源于模仿自然）。所谓立体主义，也渊源于古代几何形式的构图，其远祖在埃及的浮雕画及希腊艺术史中"几何主义"的作风。后期印象派重视线条的构图，颇有中国画的意味，然他们线条画的运笔法终不及中国的流动变化、意义丰富，而他们所表达的宇宙观景仍是西洋的立场，与中国根本不同。中画、西画各有传统的宇宙观点，造成中、西两大独立的绘画系统。

现在将这两方不同的观点与表现法再综述一下，以结束这篇短论：

（一）中国画所表现的境界特征，可以说是根基于中国民族的基本哲学，即《易经》的宇宙观：阴阳二气化生万物，万物皆禀天地之气以生，一切物体可以说是一种"气积"。（庄子：天，积气也）这生生不已的阴阳二气织成一种有节奏的生命。中国画的主题"气韵生动"，就是"生命的节奏"或"有

◎伦勃朗　油画

◎晋　顾恺之　《洛神赋图》（画心）

节奏的生命"。伏羲画八卦，即是以最简单的线条结构表示宇宙万相的变化节奏。后来成为中国山水花鸟画的基本境界的老、庄思想及禅宗思想也不外乎于静观寂照中，求返于自己深心的心灵节奏，以体合宇宙内部的生命节奏。中国画自伏羲八卦、商周锺鼎图花纹、汉代壁画、顾恺之以后历唐、宋、元、明，皆是运用笔法、墨法以取物象的骨气，物象外表的凹凸阴影终不愿刻画，以免笔滞于物。所以虽在六朝时受外来印度影响，输入晕染法，然而中国人则终不愿描写从"一个光泉"所看见的光线及阴影，如目睹的立体真景。而将全幅意境谱入一明暗虚实的节奏中，"神光离合，乍阴乍阳"。《洛神赋》中语以表现全宇宙的气韵生命，笔墨的点线皴擦既从刻画实体中解放出来，乃更能自由表达作者自心意匠的构图。画幅中每一丛林、一堆石，皆成一意匠的结构，神韵意趣超妙，如音乐的一节。气韵生动，由此产生。书法与诗和中国画的关系也由此建立。

（二）西洋绘画的境界，其渊源基础在于希腊的雕刻与建筑（其远祖尤在埃及浮雕及容貌画）。以目睹的具体实相融合于和谐整齐的形式，是他们的理想。（希腊几何学研究具体物形中之普遍形象，西洋科学研究具体之物质运动，符合抽象的数理公式，盖有同样的精神。）雕刻形体上的光影凹凸利用油色晕染移入画面，其光彩明暗及颜色的鲜艳流丽构成画境之气韵生动。近代绘风更由古典主义的雕刻风格进展为色彩主义的绘画风格，虽象征了古典精神向近代精神的转变，然而它们的宇宙观点仍是一贯的，即"人"与"物"，"心"与"境"的对立相视。不过希腊的古典的境界是有限的具体宇宙包涵在和谐宁静的秩序中，近代的世界观是一无穷的力的系统在无尽的交流的关系中。而人与这世界对立，或欲以小己体合于宇宙，或思戡天役物，伸张人类的权力意志，其主客观对立的态度则为一致（心、物及主观、客观问题始终支配了西洋哲学思想）。

而这物、我对立的观点，亦表现于西洋画的透视法。西画的景物与空间是画家立在地上平视的对象，由一固定的主观立场所看见的客观境界，貌似客观实颇主观（写实主义的极点就成了印象主义）。就是近代画风爱写无边天际的风光，仍是目睹具体的有限境界，不似中国画所写近景一树一石也是虚灵的、表象的。中国画的透视法是提神太虚，从世外鸟瞰的立场观照全整的律动的大自然，他的空间立场是在时间中徘徊移动，游目周览，集合数层与多方的视点谱成一幅超象虚灵的诗情画境（产生了中国特有的手卷画）。所以，它的境界偏向远景。"高远、深远、平远"，是构成中国透视法的"三远"。在这远景里看不见刻画显露的凹凸及光线阴影。浓丽的色彩也隐没于轻烟淡霭。一片明暗的节奏表象着全幅宇宙的氤氲的气韵，正符合中国心灵蓬松潇洒的意境。故中国画的境界似乎主观而实为一片客观的全整宇宙，和中国哲学及其他精神方面一样。"荒寒""洒落"是心襟超脱的中国画家所认为最高的境界（元代大画家多为山林隐逸，画境最富于荒寒之趣），其体悟自然生命之深透，可称空前绝后，有如希腊人之启示人体的神境。

中国画因系鸟瞰的远景，其仰眺俯视与物象之距离相等，故多爱写长方立轴以揽自上至下的全景。数层的明暗虚实构成全幅的气韵与节奏。西洋画因系对立的平视，故多用近立方形的横幅以幻现自近至远的真景。而光与阴影的互映构成全幅的气韵流动。

◎元　倪瓒　《疏林图》

中国画的作者因远超画境，俯瞰自然，在画境里不易寻得作家的立场，一片荒凉，似是无人自足的境界。（一幅西洋油画则须寻找得作家自己的立脚观点以鉴赏之）然而中国作家的人格个性反因此完全融化潜隐在全画的意境里，尤表现在笔墨点线的姿态意趣里面。

还有一件可注意的事，就是我们东方另一大文化区印度绘画的观点,却系与西洋希腊精神相近,虽然它在色彩的幻美方面也表现了丰富的东方情调。印度绘法有所谓"六分",梵云"萨邓迦",相传在西历第三世纪始见纪载,大约也系综括前人的意见,如中国谢赫的六法,其内容如下:

(1)形象之知识;(2)量及质之正确感受;(3)对于形体之情感;(4)典雅及美之表示;(5)逼似真象;(6)笔及色之美术的用法。[1]

综观六分,颇乏系统次序。其(1)(2)(3)(5)条不外乎模仿自然,注重描写形象质量的实际。其(4)条则为形式方面的和谐美。其(6)条属于技术方面。全部思想与希腊艺术论之特重"自然模仿"与"和谐的形式"恰相吻合。希腊人、印度人同为阿利安人种,其哲学思想与宇宙观念颇多相通的地方。艺术立场的相近也不足异了。魏晋六朝间,印度画法输入中国,不啻即是西洋画法开始影响中国,然而中国吸取它的晕染法而变化之,以表现自己的气韵生动与明暗节奏,却不袭取它凹凸阴影的刻画,仍不损害中国特殊的观点与作风。

然而中国画趋向抽象的笔墨,轻烟淡彩,虚灵如梦,洗净铅华,超脱暄丽耀彩的色相,却违背了"画是眼睛的艺术"之原始意义。"色彩的音乐"在中国画久已衰落。(近见唐代式壁画,敷色浓丽,线条劲秀,使人联想文艺复兴初期画家薄蒂

---

[1] 见吕凤子:《中国画与佛教之关系》,载《金陵学报》。

采丽的油画）幸宋、元大画家皆时时不忘以"自然"为师,于造化氤氲的气韵中求笔墨的真实基础。近代画家如石涛,亦游遍山川奇境,运奇姿纵横的笔墨,写神会目睹的妙景,真气远出,妙造自然。画家任伯年则更能于花卉翎毛表现精深华妙的色彩新境,为近代稀有的色彩画家,令人反省绘画原来的使命。然而此外则颇多一味模仿传统的形式,外失自然真感,内乏性灵生气,目无真景,手无笔法。既缺绚丽灿烂的光色以与西画争胜,又遗失了古人雄浑流丽的笔墨能力。艺术本当与文化生命同向前进;中国画此后的道路,不但须恢复我国传统运笔线纹之美及其伟大的表现力,尤当倾心注目于彩色流韵的真景,创造浓丽清新的色相世界。更须在现实生活的体验中表达出时代的精神节奏。因为一切艺术虽是趋向音乐,止于至美,然而它最深最后的基础仍是在"真"与"诚"。

◎清 任颐 花鸟册页

中国古代的绘画美学思想

一、从线条中透露出形象姿态

我们以前讲过,埃及、希腊的建筑、雕刻是一种团块的造型。米开朗琪罗说过:一个好的雕刻作品,就是从山上滚下来滚不坏的。他们的画也是团块。中国就很不同。中国古代艺术家要打破这团块,使它有虚有实,使它疏通。《论语》"绘事后素"的话以及《韩非子》"客有为周君画荚者"的故事,都说明中国的画特别注意线条,是一个线条的组织。中国雕刻也像画,不重视立体性,而注意在流动的线条。中国戏曲的程式化,就是打破团块,把一整套行动,化为无数线条,再重新组织起来,成为一个最有表现力的美的形象。翁偶虹介绍郝寿臣所说的表演艺术中的"叠折儿"说:折儿是从线条中透露出形象姿态的意思。这个特点正可以借来表明中国画及中国雕刻的特点。中国的"形"字,字旁就是三根毛,以三根毛来代表形体上的线条。这也说明中国艺术的形象的组织是线纹。

○敦煌飞天壁画

由于把形体化成为飞动的线条，着重于线条的流动，因此使得中国的绘画带有舞蹈的意味。这从汉代石刻画和敦煌壁画（飞天）可以看得很清楚。有的线条不一定是客观实在所有的线条，而是画家的构思、画家的意境中要求一种有节奏的联系。例如东汉石画像上一幅画，有两根流动的线条就是画家凭空加上的。这使得整个形象显得更美，同时更深一层地表现内容内部的节奏。这好比是舞台上的伴奏音乐。伴奏音乐烘托和强化舞蹈动作，使之成为艺术。用自然主义的眼光是不可能理解的。

荷兰大画家伦勃朗是光的诗人。他用光和影组成他的画，画的形象就如同从光和影里凸出的一个雕刻。法国大雕刻家罗丹的韵律也是光的韵律，中国的画却是线的韵律，光不要了，影也不要了。"客有为周君画荚者"的故事中讲的那种漆画，要等待阳光从一定角度的照射，才能突出形象，在韩非子看

◎伦勃朗 油画

来，价值就不高，甚至不能算作画了。

从中国画注重线条，可以知道中国画的工具——笔墨的重要。中国的笔发达很早，殷代已有了笔，仰韶文化的陶器上已经有用笔画的鱼。在楚国墓中也发现了笔，中国的笔有极大的表现力，因此"笔墨"二字，不但代表绘画和书法的工具，而且代表了一种艺术境界。

我国现存的一幅时代古老的画，是1949年长沙出土的晚周帛画。对于这幅画，郭沫若做了这样极有诗意的解释：

画中的凤与夔，毫无疑问是在斗争。夔的唯一的一只脚伸向凤颈抓拿，凤的前屈的一只脚也伸向夔腹抓拿。夔是死沓沓地绝望地拖垂着的，凤却矫健鹰扬地呈现着战胜者的神态。

的确，这是善灵战胜了恶灵，生命战胜了死亡，和平战胜了灾难。这是生命胜利的歌颂，和平胜利的歌颂。

画中的女子，我觉得不好认为巫女。那是一位很现实的正常女人的形象，并没有什么妖异的地方。从画的位置看来，女子是分明站在凤鸟一边的。因此我们可以肯定的说，画的意义是一位好心肠的女子，在幻想中祝祷着：经过斗争的生命的胜利、和平的胜利。

◎《人物龙凤图》

画的构成很巧妙地把幻想与现实交织着，充分表现着战国时代的时代精神。虽然规模有大小的不同，和屈原的《离骚》的构成有异曲同工之妙。但比起《离骚》来，意义却还要积极一些：因为这里有斗争，而且有斗争必然胜利的信念。画家无疑是有意识地构成这个画面的，不仅布置匀称，而且意象轩昂。画家是站在时代的焦点上，牢守着现实的立场，虽然他为时代所限制，还没有可能脱尽古代的幻想。

这是中国现存的最古的一幅画，透过两千年的岁月的铅幕，我们听出了古代画工的搏动着的心音。[1]

---

1 《文史论集》第296—297页。

现在我们要注意的是,这样一幅表现了战国时代的时代精神的含义丰富的画,它的形象正是由线条组成的。换句话说,它是凭借中国画的工具——笔墨而得到表现的。

二、气韵生动和迁想妙得

六朝齐的谢赫,在《古画品录》序中提出了绘画"六法",成为中国后来绘画思想、艺术思想的指导原理。"六法"就是:(1)气韵生动;(2)骨法用笔;(3)应物象形;(4)随类赋彩;(5)经营位置;(6)传移模写。

希腊人很早就提出"模仿自然"。谢赫"六法"中的:"应物象形""随类赋彩"是模仿自然,它要求艺术家睁眼看世界——形象、颜色,并把它表现出来。但是艺术家不能停留在这里,否则就是自然主义。艺术家要进一步表达出形象内部的生命,这就是"气韵生动"的要求。气韵生动,这是绘画创作追求的最高目标、最高的境界,也是绘画批评的主要标准。

气韵,就是宇宙中鼓动万物的"气"的节奏与和谐。绘画有气韵,就能给欣赏者一种音乐感。六朝山水画家宗炳,对着山水画弹琴说"欲令众山皆响",这说明山水画里有音乐的韵律。明代画家徐渭的《驴背吟诗图》,使人产生一种驴蹄行进的节奏感,似乎听见了驴蹄的的答答的声音,这是画家微妙的音乐感觉的传达。其实不单绘画如此,中国的建筑、园林、雕塑中都潜伏着音乐感，即所谓"韵"。西方有的美学家说：一切的艺术都趋向于音乐。这话是有部分的真理的。

再说"生动"。谢赫提出这个美学范畴，是有历史背景的。在汉代，无论绘画、雕塑、舞蹈、杂技，都是热烈飞动、虎虎有生气的。画家喜欢画龙，画虎，画飞鸟，画舞蹈中的人物。雕塑也大多表现动物。所以，谢赫的"气韵生动"，不仅仅是提出了一个美学要求，而且首先是对于汉代以来的艺术实践的一个理论概括和总结。

◎明　徐渭　《驴背吟诗图》

谢赫以后，历代画论家对于"六法"继续有所发挥。如五代的荆浩解释"气韵"二字："气者，心随笔运，取象不惑。韵者，隐迹立形，备遗不俗。"（《笔法记》）这就是说，艺术家要把握对象的精神实质，取出对象的要点，同时在创造形象时又要隐去自己的笔迹，不使欣赏者看出自己的技巧。这样把自我融化在对象里，突出对象的有代表性的方面，就成为典型的形象了。这样的形象就能让欣赏者有丰富的想象的余地。所以黄庭坚评李龙眠的画时说，"韵"者即有余不尽。

◎元　倪瓒　《紫芝山房图》

为了达到"气韵生动",达到对象的核心的真实,艺术家要发挥自己的艺术想象。这就是顾恺之论画时说的"迁想妙得"。一幅画既然不仅仅描写外形,而且要表现出内在神情,就要靠内心的体会,把自己的想象迁入对象形象内部去,这就叫"迁想";经过一番曲折之后,把握了对象的真正神情,是为"妙得"。颊上三毛,可以说是"迁想妙得"了——也就是把客观对象真正特性,把客观对象的内在精神表现出来了。

顾恺之说:"台榭一定器耳,难成而易好,不待迁想妙得也。"这是受了时代的限制。后来山水画发达起来以后,同样有人的灵魂在内,寄托了人的思想情感,表现了艺术家的个性。譬如倪云林画一幅茅亭,就不是一张建筑设计图,而是凝结着画家的思想情感,传达出了画家的风貌。这就同样需要"迁想妙得"。

总之,"迁想妙得"就是艺术想象,或如现在有些人用的术语:形象思维。它概括了艺术创造、艺术表现方法的特殊性。后来荆浩《笔法记》提出的图画六要中的"思"("思者,删拨大要,凝想形物"),也就是这个"迁想妙得"。

二、骨力、骨法、风骨

前面说到,笔墨是中国画的一个重要特点。笔有笔力。卫夫人说"点如坠石",即一个点要凝聚了过去的运动的力量。这种力量是艺术家内心的表现,但并非剑拔弩张,而是既有力,又秀气。这就叫做"骨"。"骨"就是笔墨落纸有力、突出,从内部发挥一种力量,虽不讲透视却可以有立体感,对我们产生一种感动力量。骨力、骨气、骨法,就成了中国美学中极重要的范畴,不但使用于绘画理论中(如顾恺之《魏晋胜流画赞》,几乎对每一个人的批评都要提到"骨"字),而且也使用于文学批评中（如《文心雕龙》有《风骨》篇）。

所谓"骨法"，在绘画中，粗浅来说，有如下两方面的含义。

（一）形象、色彩有其内部的核心，这是形象的"骨"。画一只老虎，要使人感到它有"骨"。"骨"，是生命和行动的支持点（引申到精神方面，就是有气节，有骨头，站得住），是表现一种坚定的力量，表现形象内部的坚固的组织。因此"骨"也就反映了艺术家主观的感觉、感受，表现了艺术家主观的情感态度。艺术家创造一个艺术形象，就有褒贬，有爱憎，有评价。艺术家一下笔就是一个判断。在舞台上，丑角出台，音乐是轻松的，不规则的，跳动的；大将出台，音乐就变得庄严了。这种音乐伴奏，就是艺术家对人物的评价。同样，"骨"不仅是对象内部核心的把握，同时也包含着艺术家对于人物事件的评价。

（二）"骨"的表现要依赖于"用笔"。张彦远说："夫象物必在于形似，而形似须全其骨气；骨气形似，皆本于立意而归于用笔。"（《历代名画记》）这里讲到了"骨气"和"用笔"的关系。为什么"用笔"这么要紧？这要考虑到中国画的"笔"的特点。中国画用毛笔。毛笔有笔锋，有弹性。一笔下去，墨在纸上可以呈现出轻重浓淡的种种变化。无论是点，是面，都不是几何学上的点与面（那是图案画），不是平的点与面，而是圆的，有立体感。中国画家最反对平扁，认为平扁不

◎南宋　陈居中（款）　《进马图》

是艺术。就是写字，也不是平扁的。中国书法家用中锋的字，背阳光一照，正中间有道黑线，黑线周围是淡墨，叫作"绵裹铁"。圆滚滚的，产生了立体的感觉，也就是引起了"骨"的感觉。中国画家多半用中锋作画。也有用侧锋作画的。因为侧锋易造成平面的感觉，所以他们比较讲究构图的远近透视、光线的明暗等。这在画史上就是所谓"北宗"（以南宋的马、夏为代表）。

"骨法用笔"，并不是同"墨"没有关系。在中国绘画中，笔和墨总是相互包含、相互为用的。所以不能离开"墨"来理解"骨法用笔"。对于这一点，吕凤子有过很好的说明。他说：

"赋彩画"和"水墨画"有时即用彩色水墨涂染成形，不用线作形廓，旧称"没骨画"。应该知道线是点的延长，块是点的扩大；又该知道点是有体积的，点是力之积，积力成线会使人有"生死刚正"之感,叫作骨。难道同样会使人有"生死刚正"之感的点和块,就不配叫作骨吗?画不用线构成,就须用色点或墨点、色块或墨块构成。中国画是以骨为质的,这是中国画的基本特征,怎么能叫不用线构的画作"没骨画"呢?叫它作没线画是对的,叫作"没骨画"便欠妥当了。

这大概是由于唐宋间某些画人强调笔墨(包括色说)可以分开各尽其用而来。他们以为笔有笔用与墨无关,笔的能事限于构线;墨有墨用与笔无关,墨的能事止于涂染;以为骨成于笔不是成于墨与色的,因而叫不是由线构成而是由点块构成,即不是由笔构成而是由墨与色构成的画作"没骨画"。不知笔墨是永远相依为用的;笔不能离开墨而有笔的用,墨也不能离开笔而有墨的用。笔在墨在,即墨在笔在。笔在骨在,也就是墨在骨在。怎么能说有线才算有骨,没线便是没骨呢?我们在这里敢这样说:假使"赋彩画"或"水墨画"真是没有骨的话,那还配叫它作中国画吗?"[1]

现在我们再来谈谈"风骨"。刘勰说:"怊怅述情,必始乎风;沈吟铺辞,莫先于骨。""结言端直,则文骨成焉,意气骏爽,则文风生焉。"(《文心雕龙·风骨》)对于"风骨"的理解,现在学术界很有争论。"骨"是否只是一个词藻(铺辞)

---

[1]《中国画法研究》第27—28页。

的问题？我认为"骨"和词是有关系的。但词是有概念内容的。词清楚了，它所表现的现实形象或对于形象的思想也清楚了。"结言端直"，就是一句话要明白正确，不是歪曲，不是诡辩。这种正确的表达，就产生了文骨。但光有"骨"还不够，还必须从逻辑性走到艺术性，才能感动人。所以"骨"之外还要有"风"。"风"可以动人，"风"是从情感中来的。中国古典美学理论既重视思想——表现为"骨"，又重视情感——表现为"风"。一篇有风有骨的文章就是好文章，这就同歌唱艺术中讲究"咬字行腔"一样。咬字是骨，即结言端直；行腔是风，即意气骏爽、动人情感。

四、"山水之法，以大观小"

中国画不注重从固定角度刻画空间幻景和透视法。由于中国陆地广大深远，苍苍茫茫，中国人多喜欢登高望远（重阳登高的习惯），不是站在固定角度透视，而是从高处把握全面。这就形成中国山水画中"以大观小"的特点。宋代李成在画中"仰画飞檐"，沈括嘲笑他是"掀屋角"。沈括说：

> 李成画山上亭馆及楼塔之类，皆仰画飞檐，其说以谓自下望上，如人平地望塔檐间，见其榱桷。此论非也。大都山水之法，盖以大观小，如人观假山耳。若同真山之法，以下望上，只合见

一重山，岂可重重悉见，兼不应见其溪谷间事。又如屋舍，亦不应见其中庭及后巷中事。若人在东立，则山西便合是远境；人在西立，则山东却合是远境。似此如何成画？李君盖不知以大观小之法。其间折高、折远，自有妙理，岂在掀屋角也！¹

◎北宋　李成　《晴峦萧寺图》

　　画家的眼睛不是从固定角度集中于一个透视的焦点，而是流动着飘瞥上下四方，一目千里，把握大自然的内部节奏，把全部景色组织成一幅气韵生动的艺术画面。"诗云：鸢飞戾天，鱼跃于渊，言其上下察也。"（《中庸》），这就是沈括说的"折高折远"的"妙理"。而从固定角度用透视法构成的画，他却认为那不是画，不成画。中国和欧洲绘画在空间观点上有这样大的不同，值得我们的注意。谁是谁非？

1　《梦溪笔谈》卷十六

中西画法所表现的空间意识[1]

中西绘画里一个顶触目的差别,就是画面上的空间表现。我们先读一读一位清代画家邹一桂对于西洋画法的批评,可以见到中画之传统立场对于西画的空间表现持一种不满的态度。

邹一桂说:"西洋人善勾股法,故其绘画于阴阳远近,不差锱黍,所画人物、屋树,皆有日影。其所用颜色与笔,与中华绝异。布影由阔而狭,以三角量之。画宫室于墙壁,令人几欲走进。学者能参用一二,亦具醒法。但笔法全无,虽工亦匠,故不入画品。"

邹一桂说西洋画笔法全无,虽工亦匠,自然是一种成见。西画未尝不注重笔触,未尝不讲究意境。然而邹一桂却无意中说出中西画的主要差别点而指出西洋透视法的三个主要画法:

(一)几何学的透视画法。画家利用与画面成直角诸线悉

---

[1] 作者原注:"本文原是中国哲学会1935年年会的一个演讲,现整理而成的。请参看本书拙作《论中西画法的渊源和基础》。"

集合于一视点，与画面成任何角度诸线悉集于一焦点，物体前后交错互掩，形线按距离缩短，以衬出远近。邹一桂所谓西洋人善勾股，于远近不差锱铢。然而实际上我们的视觉的空间并不完全符合几何学透视，艺术亦不拘泥于科学。

（二）光影的透视法。由于物体受光，显出明暗阴阳，圆浑带光的体积，衬托烘染出立体空间。远近距离因明暗的层次而显露。但我们主观视觉所看见的明暗，并不完全符合客观物理的明暗差度。

（三）空气的透视法。人与物的中间不是绝对的空虚。这中间的空气含着水分和尘埃。地面山川因空气的浓淡阴晴，色调变化，显出远近距离。在西洋近代风景画里这空气透视法常

◎ 清 邹一桂 牡丹图

被应用着。英国大画家透纳（Turner）是此中圣手。但邹一桂对于这种透视法没有提到。

邹一桂所诟病于西洋画的是笔法全无，虽工亦匠，我们前面已说其不确。不过西画注重光色渲染，笔触往往隐没于形象的写实里。而中国绘画中的"笔法"确是主体。我们要了解中国画里的空间表现，也不妨先从邹一桂所提出的笔法来下手研究。

原来人类的空间意识，照康德哲学的说法，是直觉性的先验格式，用以罗列万象，整顿乾坤。然而我们心理上的空间意识的构成，是靠着感官经验的媒介。我们从视觉、触觉、动觉、体觉，都可以获得空间意识。视觉的艺术如西洋油画，给与我们一种光影构成的明暗闪动范昧深远的空间（伦勃朗的画是典范），雕刻艺术给与我们一种圆浑立体可以摩挲的坚实的空间感觉。（中国三代铜器、希腊雕刻及西洋古典主义绘画给与这种空间感。）建筑艺术由外面看也是一个大立体如雕刻，内部则是一种直横线组合的可留可步的空间，富于几何学透视法的感觉。有一位德国学者 Max Schneider 研究我们音乐的欣赏里也听到空间境界，层层远景。歌德说，建筑是冰冻住了的音乐。可见时间艺术的音乐和空间艺术的建筑还有暗通之点。至于舞蹈艺术在它回旋变化的动作里也随时显示起伏流动的空间形式。

每一种艺术可以表出一种空间感形，并且可以互相移易地

◎伦勃朗　油画

表现它们的空间感形。西洋绘画在希腊及古典主义画风里所表现的是偏于雕刻的和建筑的空间意识。文艺复兴以后，发展到印象主义，是绘画风格的绘画，空间情绪寄托在光影彩色明暗里面。

那么，中国画中的空间构造是怎样？我说：它是基于中国的特有艺术书法的空间表现力。

中国画里的空间构造，既不是凭借光影的烘染衬托（中国水墨画并不是光影的实写，而仍是一种抽象的笔墨表现），也不是移写雕像立体及建筑的几何透视，而是显示一种类似于音乐或舞蹈所引起的空间感形。确切地说：是一种"书法的空间创造"。中国的书法本是一种类似音乐或舞蹈的节奏艺术。它具有形线之美，有情感与人格的表现。它不是摹绘实物，却又不完全抽象，如西洋字母而保有暗示实物和生命的姿式。中国音乐衰落，而书法却代替了它成为一种表达最高意境与情操的民族艺术。三代以来，每一个朝代有它的"书体"，表现那时代的生命情调与文化精神。我们几乎可以从中国书法风格的变迁来划分中国艺术史的时期，像西洋艺术史依据建筑风格的变迁来划分一样。

中国绘画以书法为基础，就同西画通于雕刻建筑的意匠。我们现在研究书法的空间表现力，可以了解中国画的空间意识。

书画的神采皆生于用笔。用笔有三忌，就是板、刻、结。"板"者"腕弱笔痴，全亏取与，状物扁平，不能圆浑"（郭若虚《图画见闻志》——原注）。用笔不板，就能状物不平扁而有圆浑的立体味。中国的字不像西洋字由多寡不同的字母所拼成，而是每一个字占据齐一固定的空间，而是在写字时用笔画，如横、直、撇、捺、钩、点（永字八法曰侧、勒、努、趯、策、掠、啄、磔），结成一个有筋有骨有血有肉的"生命单位"，同时也就成为一个"上下相望，左右相近，四隅相招，大小相副，长短阔狭，临时变适"（见运笔姿势诀），"八方点画环拱中心"（见盛熙明《法书考》）的一个"空间单位"。

中国字若写得好，用笔得法，就成功一个有生命有空间立

◎清　俞樾　手札

体味的艺术品。若字和字之间，行与行之间，能"偃仰顾盼，阴阳起伏，如树木之枝叶扶疏，而彼此相让，如流水之沦漪杂见，而先后相承"，这一幅字就是生命之流，一回舞蹈，一曲音乐。唐代张旭见公孙大娘舞剑器，因悟草书；吴道子观裴将军舞剑而画法益进。书画都通于舞。它的空间感觉也同于舞蹈与音乐所引起的力线律动的空间感觉。书法中所谓气势，所谓结构，所谓力透纸背，都是表现这书法的空间意境。一件表现生动的艺术品，必然的同时表现空间感。因为一切动作以空间为条件，为间架。若果能状物生动，像中国画绘一枝竹影，几叶兰草，纵不画背景环境，而一片空间，宛然在目，风光日影，如绕前后。又如中国剧台，毫无布景，单凭动作暗示景界。（尝见一幅八大山人画鱼，在一张白纸的中心勾点寥寥数笔，一条极生动的鱼，别无所有，然而顿觉满纸江湖，烟波无尽。）

中国人画兰竹，不像西洋人写静物，须站在固定地位，依

◎清　恽寿平　《山水花卉扇面》

据透视法画出。他是临空的从四面八方抽取那迎风映日偃仰婀娜的姿态，舍弃一切背景，甚至于捐弃色相，参考月下映窗的影子，融会于心，胸有成竹，然后拿点线的纵横，写字的笔法，描出它的生命神韵。

在这样的场合，"下笔便有凹凸之形"，透视法是用不着了。画境是在一种"灵的空间"，就像一幅好字也表现一个灵的空间一样。

中国人以书法表达自然景象。李斯论书法说："送脚如游鱼得水，舞笔如景山兴云。"钟繇说："笔迹者界也，流美者人也……见万类皆象之。点如山颓，摘如雨骤，纤如丝毫，轻如云雾。去若鸣凤之游云汉，来若游女之入花林。"

书境同于画境，并且通于音的境界，我们见雷简夫一段话可知。盛熙明著《法书考》载雷简夫云："余偶昼卧，闻江涨声，想其波涛翻翻，迅驶掀搕，高下蹙逐，奔去之状，无物可寄其情，遽起作书，则心之所想，尽在笔下矣。"作书可以写景，可以寄情，可以绘音，因所写所绘，只是一个灵的境界耳。

恽南田《评画》说："谛视斯境，一草一树，一丘一壑，皆洁庵灵想所独辟，总非人间所有。其意象在六合之表，荣落在四时之外。"这一种永恒的灵的空间，是中国画的造境，而这空间的构成是依于书法。

以上所述，还多是就花卉、竹石的小景取譬。现在再来看山水画的空间结构。在这方面中国画也有它的特点，我们仍旧拿西画来作比较观（本文所说西画是指希腊的及14世纪以来传统的画境，至于后期印象派、表现主义、立体主义等自当别论）。

西洋的绘画渊源于希腊。希腊人发明几何学与科学，他们的宇宙观是一方面把握自然的现实，他方面重视宇宙形象里的数理和谐性。于是创造整齐匀称、静穆庄严的建筑，生动写实而高贵雅丽的雕像，以奉祀神明，象征神性。希腊绘画的景界也就是移写建筑空间和雕像形体于画面；人体必求其圆浑，背景多为建筑（见残留的希腊壁画和墓中人影像）。经过中古时代到文艺复兴，更是自觉地讲求艺术与科学的一致。画家兢兢于研究透视法、解剖学，以建立合理的真实的空间表现和人体风骨的写实。文艺复兴的西洋画家虽然是爱自然，陶醉于色相，然终不能与自然冥合于一，而拿一种对立的抗争的眼光正视世界。艺术不惟摹写自然，并且修正自然，以合于数理和谐的标准。意大利十四五世纪画家从乔阿托（Giotto）、波提切利（Botticelli）、季郎达亚（Ghirlandaja）、柏鲁金罗（Perugino），到伟大的拉斐尔都是墨守着正面对立的看法，画中透视的视点与视线皆集合于画面的正中。画面之整齐、对称、均衡、和谐是他们特色。虽然这种正面对立的态度也不免暗示着物与我中间一种紧张，一种分裂，不能忘怀尔我，浑化为一，而是偏于科学的理知的态度，然而究竟还相当地保有希腊风格的静穆和生命力的充实与均衡。透视学的学理与技术，在这两世纪中由探试而至于完成。但当时北欧画家如德国的丢

◎拉斐尔 油画

勒（Durer）等则已爱构造斜视的透视法，把视点移向中轴之左右上下，甚至于移向画面之外，使观赏者的视点落向不堪把握的虚空，彷徨追寻的心灵驰向无尽。到了十七、十八世纪，巴罗克（Baroque）风格的艺术更是驰情入幻，炫艳逞奇，摛葩织藻，以寄托这彷徨落漠、苦闷失望的空虚。视线驰骋于画面，追寻空间的深度与无穷。（Rembrandt的油画）

所以西洋透视法在平面上幻出逼真的空间构造，如镜中影、水中月，其幻愈真，则其真愈幻。逼真的假象往往令人更感为可怖的空幻。加上西洋油色的灿烂炫耀，遂使出发于写实的西洋艺术，结束于诙诡艳奇的唯美主义（如Gustave Moteau）。至于现代的印象主义、表现主义、立体主义、未来派等乃遂光怪陆离，不可思议，令人难以追踪。然而彷徨追寻是它们的核心，它们是"苦闷的象征"。

我们转过头来看中国山水画所表现的空间意识！

中国山水画的开创人可以推到南朝宋时画家宗炳与王微。他们两人同时是中国山水画理论的建设者。尤其是对透视法的阐发及中国空间意识的特点透露了千古的秘蕴。这两位山水画的创始人早就决定了中国山水画在世界画坛的特殊路线。

宗炳在西洋透视发明以前一千年已经说出透视法的秘诀。我们知道透视法就是把眼前立体形的远近的景物看作平面形以移上画面的方法。一个很简单而实用的技巧，就是竖立一块大玻璃板，我们隔着玻璃板"透视"远景，各种物景透过玻璃映现眼帘时观出绘画的状态，这就是因远近的距离之变化，大的会变小，小的会变大，方的会变扁。因上下位置的变化，高的会变低，低的会变高。这画面的形象与实际的迥然不同。然而它是画面上幻现那三进向空间境界的张本。

宗炳在他的《画山水序》里说："今张绡素以远映，则崑阆之形可围于方寸之内，竖划三寸，当千仞之高，横墨数尺，体百里之远。"又说："去之稍阔，则其见弥小。"那"张绡素以远映"，不就是隔着玻璃以透视的方法么？宗炳一语道破于西洋一千年前，然而中国山水画却始终没有实行运用这种透视法，并且始终躲避它，取消它，反对它。如沈括评斥李成仰画飞檐，而主张以大观小。又说从下望上只合见一重山，不能重重悉见，这是根本反对站在固定视点的透视法。又中国画画桌面、台阶、地席等都是上阔而下狭，这不是根本躲避和取消透视看法？我们对这种怪事也可以在宗炳、王微的画论里得到充分的解释。王微的《叙画》里说："古人之作画也，非以案城域，辨方州，标镇阜，划浸流，本乎形者融，灵而变动者心也。灵无所见，故所托不动，目有所极，故所见不周。于是乎以一管之笔，拟太虚之体，以判躯之状，尽寸眸之明。"在这话里王微根本反对绘画是写实和实用的。绘画是托不动的形象以显现那灵而变动（无所见）的心。绘画不是面对实景，画出一角的视野（目有所极故所见不周），而是以一管之笔，拟太虚之体。那无穷的空间和充塞这空间的生命（道），是绘画的

◎宋 马麟 《长松山水图》

真正对象和境界。所以要从这"目有所极故所见不周"的狭隘的视野和实景里解放出来,而放弃那"张绡素以远映"的透视法。

《淮南子》的《天文训》首段说:"道始于虚廓,虚廓生宇宙,宇宙生气。"这和宇宙虚廓合而为一的生生之气,正是中国画的对象。而中国人对于这空间和生命的态度却不是正视的抗衡,紧张的对立,而是纵身大化,与物推移。中国诗中所常用的字眼如盘桓、周旋、徘徊、流连,哲学书如《易经》所常用的如往复、来回、周而复始、无往不复,正描出中国人的空间意识。我们又见到宗炳的《画山水序》里说的好:"身所盘桓,目所绸缪,以形写形,以色写色。"中国画山水所写出的岂不正是这身所盘桓、目所绸缪的层层山、叠叠水,尺幅之中写千里之景,而重重景象,虚灵绵邈,有如远寺钟声,空中回荡。宗炳又说,"抚琴弄操,欲令众山皆响",中国画境之通于音乐,正如西洋画境之通于雕刻建筑一样。

西洋画在一个近立方形的框里幻出一个锥形的透视空间,由近至远,层层推出,以至于目极难穷的远天,令人心往不返,驰情入幻,浮士德的追求无尽,何以异此?

中国画则喜欢在一竖立方形的直幅里,令人抬头先见远山,然后由远至近,逐渐返于画家或观者所流连盘桓的水边林下。《易经》上说:"无往不复,天地际也。"中国人看山水不是心往不返,目极无穷,而是"返身而诚","万物皆备于我"。王安石有两句诗云:"一水护田将绿绕,两山排闼送青来。"前一句写盘桓、流连、绸缪之情;下一句写由远至近,回返自心的空间感觉。

这是中西画中所表现空间意识的不同。

(原载商务印书馆出版的《中国艺术论丛》1936年,第1辑。)

中国诗画中所表现的空间意识

现代德国哲学家斯播格耐[1]（O. Spengler）在他的名著《西方文化之衰落》[2]里面曾经阐明每一种独立的文化都有他的基本象征物，具体地表象它的基本精神。在埃及是"路"，在希腊是"立体"，在近代欧洲文化是"无尽的空间"。这三种基本象征都是取之于空间境界，而他们最具体的表现是在艺术里面。埃及金字塔里的甬道、希腊的雕像、近代欧洲的最大油画家伦勃朗（Rembrandt）的风景，是我们领悟这三种文化的最深的灵魂之媒介。

我们若用这个观点来考察中国艺术，尤其是画与诗中所表现的空间意识，再拿来同别种文化作比较，是一极有趣味的事。我不揣浅陋做了以下的尝试。

西洋十四世纪文艺复兴初期油画家梵埃格[3]（Van Eyck）的

---

1 斯播格耐，今译作斯宾格勒。——编者注
2 今译作《西方的没落》。——编者注
3 今译作扬·凡·艾克。——编者注

◎扬·凡·艾克 油画

画极注重写实、精细地描写人体、画面上表现屋宇内的空间,画家用科学及数学的眼光看世界。于是透视法的知识被发挥出来,而用之于绘画。意大利的建筑家勃鲁纳莱西(Brunelleci)在15世纪的初年已经深通透视法。阿卜柏蒂在他1436年出版的《画论》里第一次把透视的理论发挥出来。

中国18世纪雍正、乾隆时,名画家邹一桂对于西洋透视画法表示惊异而持不同情的态度,他说:"西洋人善勾股法,故其绘画于阴阳远近,不差锱黍,所画人物、屋树,皆有日影。其所用颜色与笔,与中华绝异。布影由阔而狭,以三角量之。画宫室于墙壁,令人几欲走进。学者能参用一二,亦其醒法。但笔法全无,虽工亦匠,故不入画品。"

邹一桂认为西洋的透视的写实的画法"笔法全无,虽工亦匠",只是一种技巧,与真正的绘画艺术没有关系,所以"不入画品"。而能够入画品的画,即能"成画"的画,应是不采取西洋透视法的立场,而采沈括所说的"以大观小之法"。

◎北宋　李成　《寒鸦图卷》（画心）

早在宋代，一位博学家沈括在他名著《梦溪笔谈》里就曾讥评大画家李成采用透视立场"仰画飞檐"，而主张"以大观小之法"。他说："李成画山上亭馆及楼阁之类，皆仰画飞檐。其说以谓'自下望上，如人立平地望塔檐间，见其榱桷'。此论非也。大都山水之法，盖以大观小，如人观假山耳。若同真山之法，以下望上，只合见一重山，岂可重重悉见，兼不应见其溪谷间事。又如屋舍，亦不应见中庭及巷中事。若人在东立，则山西便合是远境。人在西立，则山东却合是远境。似此如何成画？李君盖不知以大观小之法，其间折高、折远，自有妙理，岂在掀屋角也？"

沈括以为画家画山水，并非如常人站在平地上在一个固定的地点，仰首看山；而是用心灵的眼，笼罩全景，从全体来看部分，"以大观小"。把全部景界组织成一幅气韵生动、有节奏有和谐的艺术画面，不是机械的照相。这画面上的空间组织，是受着画中全部节奏及表情所支配。"其间折高折远，自有妙理"。这就是说须服从艺术上的构图原理，而不是服从科学上算学的透视法原理。他并且以为那种依据透视法的看法只能看见片面，看不到全面，所以不能成画。他说"似此如何成画"？他若是生在今日，简直会不承认西洋传统的画是画，岂不有趣？

这正可以拿奥国近代艺术学者芮格（Riegl）所主张的"艺术意志说"来解释。中国画家并不是不晓得透视的看法，而是他的"艺术意志"不愿在画面上表现透视看法，只摄取一个角度，而采取了"以大观小"的看法，从全面节奏来决定各部分，组织各部分。中国画法六法上所说的"经营位置"，不是依据透视原理，而是"折高折远自有妙理"。全幅画面所表

◎清　王时敏　杜甫诗意图册　其五

现的空间意识,是大自然的全面节奏与和谐。画家的眼睛不是从固定角度集中于一个透视的焦点,而是流动着飘瞥上下四方,一目千里,把握全境的阴阳开阖、高下起伏的节奏。中国最大诗人杜甫有两句诗表出这空、时意识说:"乾坤万里眼,时序百年心。"《中庸》上也曾说:"诗云:鸢飞戾天,鱼跃于渊,言其上下察也。"

中国最早的山水画家六朝刘宋时的宗炳(5世纪)曾在他的《画山水序》里说山水画家的事务是:

> 身所盘桓,目所绸缪。
> 以形写形,以色貌色。

画家以流盼的眼光绸缪于身所盘桓的形形色色,所看的不是一个透视的焦点,所采的不是一个固定的立场,所画出来的是具有音乐的节奏与和谐的境界。所以宗炳把他画的山水悬在壁上,对着弹琴,他说:

> 抚琴动操,欲令众山皆响!

山水对他表现一个音乐的境界,就如他的同时的前辈那位大诗人音乐家嵇康,也是拿音乐的心灵去领悟宇宙、领悟"道"。嵇康有名句云:

> 目送归鸿，手挥五弦。
>
> 俯仰自得，游心太玄。

中国诗人、画家确是用"俯仰自得"的精神来欣赏宇宙，而跃入大自然的节奏里去"游心太玄"。晋代大诗人陶渊明也有诗云："俯仰终宇宙，不乐复何如！"

用心灵的俯仰的眼睛来看空间万象，我们的诗和画中所表现的空间意识，不是像那代表希腊空间感觉的有轮廓的立体雕像，不是像那表现埃及空间感的墓中的直线甬道，也不是那代表近代欧洲精神的伦勃朗的油画中渺茫无际追寻无着的深空，而是"俯仰自得"的节奏化的音乐化了的中国人的宇宙感。

《易经》上说："无往不复，天地际也。"这正是中国人的空间意识！

这种空间意识是音乐性的（不是科学的算学的建筑性的）。它不是用几何、三角测算来的，而是由音乐舞蹈体验来的。中国古代的所谓"乐"是包括着舞的。所以唐代大画家吴道子请裴将军舞剑以助壮气。

宋郭若虚《图画见闻志》上说：

> 唐开元中，将军裴旻居丧，诣吴道子，请于东都天宫寺画神鬼数壁，以资冥助。道子答曰："吾画笔久废，若将军有意为吾缠结，舞剑一曲，庶因猛厉，以通幽冥！"旻于是脱去縗

◎唐 吴道子
《观音菩萨像》拓片

服,若常时装束,走马如飞,左旋右转,掷剑入云,高数十丈,若电光下射。旻引手执鞘承之,剑透室而入。观者数千人,无不惊栗。遭子于是援毫图壁,飒然风起,为天下之壮观。道子平生绘事,得意无出于此。

与吴道子同时的大书家张旭,也因观公孙大娘的剑器舞而书法大进。宋朝书家雷简夫因听着嘉陵江的涛声,而引起写字的灵感。雷简夫说:"余偶昼卧,闻江涨瀑声。想波涛翻翻,迅驶掀搕,高下蹙逐奔去之状,无物可寄其情,遽起作书,则心中之想尽在笔下矣!"

节奏化了的自然,可以由中国书法艺术表达出来,就同音乐舞蹈一样。而中国画家所画的自然也就是这音乐境界。他的空间意识和空间表现就是"无往不复的天地之际"。不是由几何、三角所构成的西洋的透视学的空间,而是阴阳明暗高下起伏所构成的节奏化了的空间。董其昌说:"远山一起一伏则有势,疏林或高或下则有情,此画之诀也。"

有势有情的自然是有声的自然。中国古代哲人曾以音乐的十二律配合一年十二月节季的循环。《吕氏春秋·大乐》篇说:

"万物所出,造于太一,化于阴阳。萌芽始震,凝寒以形。形体有处,莫不有声。声出于和,和出于适。和适,先王定乐,由此而生。"唐代诗人韦应物有诗云:"万物自生听,大空恒寂寥。"

唐诗人沈佺期的《范山人画山水歌》云(见《佩文斋书画谱》):"山峥嵘,水泓澄。漫漫汗汗一笔耕。一草一木栖神明。忽如空中有物,物中有声。复如远道望乡客,梦绕山川身不行!"

这是赞美范山人所画的山水好像空中的乐奏,表现一个音乐化的空间境界。宋代大批评家严羽在他的《沧浪诗话》里说唐诗人的诗中境界:"如空中之音,相中之色,水中之月,镜中之像,言有尽而意无穷。"西人约柏特(Joubert)也说:"佳诗如物之有香,空之有音,纯乎气息。"又说:"诗中妙境,每字能如弦上之音,空外余波,袅袅不绝。"(据钱钟书译)

这种诗境界,中国画家则表之于山水画中。苏东坡论唐代大画家兼诗人王维说:"味摩诘之诗,诗中有画。观摩诘之画,画中有诗。"

王维的画我们现在不容易看到(传世的有两三幅)。我们可以从诗中看他画境,却发现他里面的空间表现与后来中国山水画的特点一致!

王维的辋川诗有一绝句云:

◎明　仇英　《辋川十景图》

> 北坨湖水北，杂树映朱栏。
> 逶迤南川水，明灭青林端。

在西洋画上有画大树参天者，则树外人家及远山流水必在地平线上缩短缩小，合乎透视法。而此处南川水却明灭于青林之端，不向下而向上，不向远而向近。和青林朱栏构成一片平面。而中国山水画家却取此同样的看法写之于画面，使西人诧中国画家不识透视法。然而这种看法是中国诗中的通例，如：

> 暗水流花径，春星带草堂。
> 卷帘唯白水，隐几亦青山。
> 白波吹粉壁，青嶂插雕梁。

——以上［唐］杜甫

> 天回北斗挂西楼。
> 檐飞宛溪水，窗落敬亭云。

——以上［唐］李白

> 水国舟中市，山桥树杪行。

——［唐］王维

窗影摇群动,墙阴载一峰。

——[唐]岑参

秋景墙头数点山。

——[唐]刘禹锡

窗前远岫悬生碧,帘外残霞挂熟红。

——[唐]罗虬

树杪玉堂悬。

——[唐]杜审言

江上晴楼翠霭开,满帘春水满窗山。

——[唐]李群玉

碧松梢外挂青天。

——[唐]杜牧

玉堂坚重而悬之于树杪,这是画境的平面化。青天悠远而挂之于松梢,这已经不止于世界的平面化,而是移远就近了。这不是西洋精神的追求无穷,而是饮吸无穷于自我之中!孟子曰:"万物皆备于我矣,反身而诚,乐莫大焉。"宋代哲学家邵雍于所居作便坐,曰安乐窝,两旁开窗曰日月牖。正如杜甫诗云:

山河扶绣户，日月近雕梁。

深广无穷的宇宙来亲近我，扶持我，无庸我去争取那无穷的空间，像浮士德那样野心勃勃，彷徨不安。

中国人对无穷空间这种特异的态度，阻碍中国人去发明透视法。而且使中国画至今避用透视法。我们再在中国诗中征引那饮吸无穷空于自我，网罗山川大地于门户的例证：

云生梁栋间，风出窗户里。

——［东晋］郭璞

◎清 王时敏 杜甫诗意图册 其三

绣甍结飞霞,璇题纳明月。

——[六朝]鲍照

窗中列远岫,庭际俯乔林。

——[六朝]谢朓

栋里归白云,窗外落晖红。

——[六朝]阴铿

画栋朝飞南浦云,珠帘暮卷西山雨。

——[初唐]王勃

窗含西岭千秋雪,门泊东吴万里船。

——[唐]杜甫

天入沧浪一钓舟。

——[唐]杜甫

欲回天地入扁舟。

——[唐]李商隐

大壑随阶转,群山入户登。

——[唐]王维

隔窗云雾生衣上,卷幔山泉入镜中。

——[唐]王维

山月临窗近,天河入户低。

——[唐]沈佺期

山翠万重当槛出,水光千里抱城来。

——[唐]许浑

三峡江声流笔底,六朝帆影落樽前。

山随宴坐图画出,水作夜窗风雨来。

——[宋]米芾

一水护田将绿绕,两山排闼送青来。

——[宋]王安石

满眼长江水,苍然何郡山?

向来万里急,今在一窗间。

——[宋]陈简斋

江山重复争供眼,风雨纵横乱入楼。

——[宋]陆放翁

水光山色与人亲。

——[宋]李清照

帆影多从窗隙过,溪光合向镜中看。

——[清]叶令仪

云随一磬出林杪,窗放群山到榻前。

——[清]谭嗣同

而明朝诗人陈眉公的含晖楼诗《咏日光》云:"朝挂扶桑枝,暮浴咸池水,灵光满大千,半在小楼里。"更能写出万物皆备于我的光明俊伟的气象。但早在这些诗人以前,晋宋的大诗人谢灵运(他是中国第一个写纯山水诗的)已经在他的《山居赋》里写出这网罗天地于门户,饮吸山川于胸怀的空间意识。中国诗人多爱从窗户庭阶,词人尤爱从帘、屏、栏干、镜以吐纳世界景物。我们有"天地为庐"的宇宙观。老子曰:"不出户,知天下。不窥牖,见天道。"庄子曰:"瞻彼阕者,虚室生白。"孔子曰:"谁能出不由户,何莫由斯道也?"中国这种移远就近、由近知远的空间意识,已经成为我们宇宙观的特色了。谢灵运《山居赋》里说:

> 抗北顶以茸馆,瞰南峰以启轩,
> 罗曾崖于户里,列镜澜于窗前。
> 因丹霞以赪楣,附碧云以翠椽。
>
> ——《宋书·谢灵运传》

◎清 王时敏 杜甫诗意图册 其十一

六朝·刘义庆的《世说新语》载：

> 简文帝（东晋）入华林园，顾谓左右曰："会心处不必在远，翳然林水，便自有濠濮间想也。觉鸟兽禽鱼，自来亲人！"

晋代是中国山水情绪开始与发达时代。阮籍登临山水，尽日忘归。王羲之既去官，游名山，泛沧海，叹曰："我卒当以乐死！"山水诗有了极高的造诣（谢灵运、陶渊明、谢朓等），山水画开始奠基。但是顾恺之、宗炳、王微已经显示出中国空间意识的特质了。宗炳主张"身所盘桓，目所绸缪，以形写形，以色貌色"。王微主张"以一管之笔拟太虚之体"。而人们遂能"以大观小"又能"小中见大"。人们把大自然吸收到庭户内。庭园艺术发达极高。庭园中罗列峰峦湖沼，俨然一个小天地。后来宋僧道灿的重阳诗句："天地一东篱，万古一重久。"正写出这境界。而唐诗人孟郊更歌唱这天地反映到我的胸中，艺术的形象是由我裁成的，他唱道：

> 天地入胸臆，吁嗟生风雷。
> 文章得其微，物象由我裁！

东晋陶渊明则从他的庭园悠然窥见大宇宙的生气与节奏而证悟到忘言之境。他的《饮酒》诗云：

◎唐　孙位　《高逸图》

结庐在人境，而无车马喧。
问君何能尔，心远地自偏。
采菊东篱下，悠然见南山。
山气日夕佳，飞鸟相与还。
此中有真意，欲辨已忘言！

中国人的宇宙概念本与庐舍有关。"宇"是屋宇，"宙"是由"宇"中出入往来。中国古代农人的农舍就是他的世界。他们从屋宇得到空间观念。从"日出而作，日入而息"（《击壤歌》），由宇中出入而得到时间观念。空间、时间合成他的宇宙而安顿着他的生活。他的生活是从容的，是有节奏的。对于他空间与时间是不能分割的。春夏秋冬配合着东南西北。这个意识表现在秦汉的哲学思想里。时间的节奏（一岁十二月二十四节）率领着空间方位（东南西北等）以构成我们的宇宙。所以我们的空间感觉随着我们的时间感觉而节奏化了、音乐化了！画家在画面所欲表现的不只是一个建筑意味的空间"宇"，而需同时具有音乐意味的时间节奏"宙"。一个充满音乐情趣的宇宙（时空合一体）是中国画家、诗人的艺术境界。画家、诗人对这个宇宙的态度，是像宗炳所说的"身所盘桓，目所绸缪，以形写形，以色貌色"。六朝刘勰在他的名著《文心雕龙》里也说到诗人对于万物是：

> 目既往还，心亦吐纳。……情往似赠，兴味如答。

"目所绸缪"的空间景是不采取西洋透视看法集合于一个焦点，而采取数层视点以构成节奏化的空间。这就是中国画家的"三远"之说。"目既往还"的空间景是《易经》所说"无往不复，天地际也"。我们再分别论之。

宋画家郭熙所著《林泉高致·山川训》云：

> 山有三远：自山下而仰山巅，谓之高远。自山前而窥山后，谓之深远。自近山而望远山，谓之平远。高远之色清明，深远之色重晦，平远之色有明有晦。高远之势突兀，深远之意重叠，平远之意冲融而缥缥缈缈。其人物之在三远也，高远者明了，深远者细碎，平远者冲澹。明了者不短，细碎者不长，冲澹者不大。此三远也。

西洋画法上的透视法是在画面上依几何学的测算构造一个

三进向的空间的幻景。一切视线集结于一个焦点（或消失点）。正如邹一桂所说："布影由阔而狭，以三角量之。画宫室于墙壁，令人几欲走进。"而中国"三远"之法，则对于同此一片山景"仰山巅，窥山后，望远山"，我们的视线是流动的，转折的。由高转深，由深转近，再横向于平远，成了一个节奏化的行动。郭熙又说："正面溪山林木，盘折委曲，铺设其景而来，不厌其详，所以足人目之近寻也。傍边平远，峤岭重叠，钩连缥缈而去，不厌其远，所以极人目之旷望也。"他对于高远、深远、平远，用俯仰往还的视线，抚摩之，眷恋之，一视

◎北宋 郭熙 早春图

同仁，处处流连。这与西洋透视法从一固定角度把握"一远"，大相径庭。而正是宗炳所说的"目所绸缪，身所盘桓"的境界。苏东坡诗云："赖有高楼能聚远，一时收拾与闲人。"真能说出中国诗人、画家对空间的吐纳与表现。

由这"三远法"所构的空间不复是几何学的科学性的透视空间，而是诗意的创造性的艺术空间。趋向着音乐境界，渗透了时间节奏。它的构成不依据算学，而依据动力学。清代画论家华琳名之曰"推"。（华琳生于乾隆五十六年，卒于道光三十年）华琳在他的《南宗抉秘》里有一段论"三远法"，极为精彩。可惜还不为人所注意。兹不惜篇幅，详引于下，并略加阐扬。华琳说：

旧谱论山有三远云："云自下而仰其巅曰高远。自前而窥其后曰深远，自近而望及远曰平远。"此三远之定名也。又云远欲其高，当以泉高之，远欲其深，当以云深之。远欲其平，当以烟平之。此三远之定法也。乃吾见诸前辈画，其所作三远山，间有将泉与云颠倒用之者，又或有泉与云与烟一无所用者。而高者自高，深者自深，平者自平，于旧谱所论，大相径庭，何也？因详加揣测，悉心临摹，久而顿悟其妙。盖有推法焉！局架独耸，虽无泉而已具自高之势。层次加密，虽无云而已有可深之势。低褊其形，虽无烟而已成必平之势。高也深也平也，因形取势。胎骨既定，纵欲不高不深不平而不可得。惟

◎北宋　郭熙　《树色平远图》

三远为不易！然高者由卑以推之,深者由浅以推之,至于平则必不高,仍须于平中之卑处以推及高。平则必不深,亦须于平中之浅处以推及深。推之法得,斯远之神得矣！（白华按:"推"是由线纹的力的方向及组织以引动吾人空间深远平之感入。不由几何形线的静的透视的秩序,而由生动线条的节奏趋势以引起空间感觉。如中国书法所引起的空间感。我名之为力线律动所构的空间境。如现代物理学所说的电磁野）但以堆叠为推,以穿矻为推则不可！或曰:"将何以为推乎?"余曰"似离而合"四字实推之神髓。（按:似离而合即有机的统一。化空间为生命境界,成了力线律动的原野）假使以离为推,致彼此间隔,则是以形推,非以神推也。（按:西洋透视法是以离为推也）且亦有离开而仍推不远者！况通幅邱壑无处处间隔之理,亦不可无离开之神。若处处合成一片,高与深与平,又皆不远矣。似离而合,无遗蕴矣！"或又曰:"似离而合,毕竟以何法取之?"余曰:"无他,疏密其笔,浓淡其墨,上下四旁,明晦借映。以阴可以推阳,以阳亦可以推阴。直观之如决流之推波。睨视之如行云之推月。无往非以笔推,无往非以墨推。似离而合之法得,即推之法得。远之法亦即尽于是矣。"乃或曰:"凡作画何处不当疏密其笔,浓淡其墨,岂独推法用之乎?"不知遇当推之势,作者自宜别有经营。于疏密其笔,浓淡其墨之中,又绘出一段斡旋神理。倒转乎缩地勾魂之术。捉摸于探幽扣寂之乡。似于他处之疏密浓淡,其作用较为精细。此是悬解,难以专注。必欲实实指出,又何异以泉以云以烟者拘泥之见乎?

华琳提出"推"字以说明中国画面上"远"之表出。"远"不是以堆叠穿斫的几何学的机械式的透视法表出,而是由"似离而合"的方法视空间如一有机统一的生命境界,由动的节奏引起我们跃入空间感觉。直观之如决流之推波,睨视之如行云之推月。全以波动力引起吾人游于一个"静而与阴同德,动而与阳同波"(庄子语)的宇宙。空时意识油然而生,不待堆叠穿斫,测量推度,而自然涌现了!这种空间的体验有如鸟之拍翅,鱼之泳水,在一开一阖的节奏中完成。所以中国山水的布局,以三四大开阖表现之。

中国人的最根本的宇宙观是《易经》上所说的"一阴一阳之谓道"。我们画面的空间感也凭借一虚一实、一明一暗的流动节奏表达出来。虚（空间）同实（实物）联成一片波流，如决流之推波。明同暗也联成一片波动，如行云之推月。这确是中国山水画上空间境界的表现法。而王船山所论王维的诗法，更可证明中国诗与画中空间意识的一致。王船山《诗绎》里说："右丞妙手能使在远者近，抟虚成实，则心自旁灵，形自当位。"使在远者近，就是像我们前面所引各诗中移远就近的写景特色。我们欣赏山水画，也是抬头先看见高远的山峰，然后层层向下，窥见深远的山谷，转向近景林下水边，最后横向平远的沙滩小岛。远山与近景构成一幅平面空间节奏，因为我们的视线是从上至下的流转曲折，是节奏的动。空间在这里不是一个透视法的三进向的空间，以作为布置景物的虚空间架，而是它自己也参加进全幅节奏，受全幅音乐支配着的波动。这正是抟虚成实，使虚的空间化为实的生命。于是我们欣赏的心

◎清　石涛　《山水图册》

灵，光被四表，格于上下。"神理流于两间，天地供其一目。"（王船山论《谢灵运诗语》）而万物之形在这新观点内遂各有其新的适当的位置与关系。这位置不是依据几何、三角的透视法所规定，而是如沈括所说的"折高折远自有妙理"。不在乎掀起屋角以表示自下望上的透视。而中国画在画台阶、楼梯时反而都是上宽而下窄，好像是跳进画内站到阶上去向下看。而不是像西画上的透视是从欣赏者的立脚点向画内看去，阶梯是近阔而远狭，下宽而上窄。西洋人曾说中国画是反透视的。他不知我们是从远向近看，从高向下看，所以"折高折远自有妙理"，另是一套构图。我们从既高且远的心灵的眼睛"以大观小"，俯仰宇宙，正如明朝沈灏《画麈》里赞美画中的境界说：

称性之作，直操造化。盖缘山河大地，品类群生，皆自性现。其间卷舒取舍，如太虚片云，寒潭雁迹而已。

画家胸中的万象森罗，都从他的及万物的本体里流出来，呈现于客观的画面。它们的形象位置一本乎自然的音乐，如片云舒卷，自有妙理，不依照主观的透视看法。透视学是研究人站在一个固定地点看出去的主观景界，而中国画家、诗人宁采取"俯仰自得，游心太玄"，"目既往还，心亦吐纳"的看法，以达到"澄怀味像"（画家宗炳语）。这是全面的客观的看法。

早在《易经》的《系辞》里已经说古代圣哲是"仰则观象

◎ 清 石涛 山水册 其九

于天，俯则观法于地，观鸟兽之文与地之宜。近取诸身，远取诸物。"俯仰往还，远近取与，是中国哲人的观照法，也是诗人的观照法。而这观照法表现在我们的诗中画中，构成我们诗画中空间意识的特质。

诗人对宇宙的俯仰观照由来已久，例证不胜枚举。汉苏武诗："俯观江汉流，仰视浮云翔。"魏文帝诗："俯视清水波，仰看明月光。"曹子建诗："俯降千仞，仰登天阻。"晋王羲之《兰亭诗》："仰视碧天际，俯瞰绿水滨。"又《兰亭集叙》："仰观宇宙之大，俯察品类之盛，所以游目骋怀，足以极视听之娱，信可乐也。"谢灵运诗："仰视乔木杪，俯聆大壑淙。"而左太冲的名句"振衣千仞冈，濯足万里流"，也是俯仰宇宙的气概。诗人虽不必直用俯仰字样，而他的意境是俯仰自得，游目骋怀的。诗人、画家最爱登山临水。"欲穷千里目，更上一层楼"，是唐诗人王之涣名句。所以杜甫尤爱用"俯"字以表现他的"乾坤万里眼，时序百年心"。他的名句如："游目俯大江"，"层台俯风渚"，"扶杖俯沙渚"，"四顾俯层巅"，"展席俯长流"，"傲睨俯峭壁"，"此邦俯要冲"，"江缆俯鸳鸯"，"缘江路熟俯青郊"，"俯视但一气，焉能辨皇州"等，用"俯"字不下十数处。"俯"不但联系上下远近，且有笼罩一切的气度。古人说：赋家之心，苞括宇宙。诗人对世界是抚爱的、关切的，虽然他的立场是超脱的、洒落的。晋唐诗人把这种观照法递给画家，中国画中空间境界的表现遂不得不与西洋大异其趣了。

中国人与西洋人同爱无尽空间（中国人爱称太虚太空无穷无涯），但此中有很大的精神意境上的不同。西洋人站在固定地点，由固定角度透视深空，他的视线失落于无穷，驰于无极。他对这无穷空间的态度是追寻的、控制的、冒险的、探索的。近代无线电、飞机都是表现这控制无限空间的欲望。而结果是彷徨不安，欲海难填。中国人对于这无尽空间的态度却是如古诗所说的："高山仰止，景行行止，虽不能至，而心向往之。"人生在世，如泛扁舟，俯仰天地，容与中流，灵屿瑶岛，极目悠悠。中国人面对着平远之境而很少是一望无边的，像德

◎明　仇英　《兰亭图》扇面

国浪漫主义大画家菲德烈希（Friedrich）[1]所画的杰作《海滨孤僧》那样，代表着对无穷空间的怅望。在中国画上的远空中必有数峰蕴藉，点缀空际，正如元人张秦娥诗云："秋水一抹碧，残霞几缕红，水穷云尽处，隐隐两三峰。"或以归雁晚鸦掩映斜阳。如陈国材诗云："红日晚天三四雁，碧波春水一双鸥。"我们向往无穷的心，须能有所安顿，归返自我，成一回旋的节奏。我们的空间意识的象征不是埃及的直线甬道，不是希腊的立体雕像，也不是欧洲近代人的无尽空间，而是潆洄委曲，绸缪往复，遥望着一个目标的行程（道）！我们的宇宙是时间率领着空间，因而成就了节奏化、音乐化了的"时空合一体"。这是"一阴一阳之谓道"。《诗经》上蒹葭三章很能表出这境界。其第一章云："蒹葭苍苍，白露为霜。所谓伊人，在水一方。溯洄从之，道阻且长。溯游从之，宛在水中央。"而

1　菲德烈希（Friedrich），即卡斯帕·大卫·弗里德里希。——编者注

我们前面引过的陶渊明的《饮酒》诗尤值得我们再三玩味：

采菊东篱下，悠然见南山。
山气日夕佳，飞鸟相与还。
此中有真意，欲辨已忘言！

中国人于有限中见到无限，又于无限中回归有限。他的意趣不是一往不返，而是回旋往复的。唐代诗人王维的名句云："行到水穷处，坐看云起时。"韦庄诗云："去雁数行天际没，孤云一点净中生。"储光羲的诗句云："落日登高屿，悠然望远山，溪流碧水去，云带清阴还。"以及杜甫的诗句："水流心不竞，云在意俱迟。"都是写出这"目既往还，心亦吐纳，情往似赠，兴来如答"的精神意趣。"水流心不竞"是不像欧洲浮士德精神的追求无穷。"云在意俱迟"，是庄子所说的"圣人达绸缪，周遍一体也"，也就是宗炳"目所绸缪"的境界。中国人抚爱万物，与万物同其节奏：静而与阴同德，动而与阳同波（《庄子》语）。我们宇宙既是一阴一阳、一虚一实的生命节奏，所以它根本上是虚灵的时空合一体，是流荡着的生动气韵。哲人、诗人、画家，对于这世界是"体尽无穷而游无朕"（庄子语）。"体尽无穷"是已经证入生命的无穷节奏，画面上表出一片无尽的律动，如空中的乐奏。"而游无朕"，即是在中国画的底层的空白里表达着本体"道"（无朕境界）。庄子曰："瞻彼

◎石涛 《渊明诗意册页》(悠然见南山)

阙(空处)者,虚室生白。"这个虚白不是几何学的空间间架,死的空间,所谓顽空,而是创化万物的永恒运行着的道。这"白"是"道"的吉祥之光(见《庄子》)。宋朝苏东坡之弟苏辙在他《论语解》内说得好:

贵真空,不贵顽空。盖顽空则顽然无知之空,木石是也。若真空,则犹之天焉!湛然寂然,元无一物,然四时自尔行,百物自尔生。粲为日星,溶为云雾。沛为雨露,轰为雷霆。皆自虚空生。而所谓湛然寂然者自若也。

苏东坡也在诗里说:"静故了群动,空故纳万境。"这纳万境与群动的"空"即是道,即是老子所说"无",也就是中国

◎南宋　米友仁（传）　《云山图卷》

画上的空间。老子曰：

> 道之为物，惟恍惟惚。
>
> 惚兮恍兮，其中有象。
>
> 恍兮惚兮，其中有物。
>
> 窈兮冥兮，其中有精。
>
> 其精甚真，其中有信。

——《老子》第二十一章

这不就是宋代的水墨画，如米芾云山所表现的境界吗？

杜甫也自夸他的诗"篇终接混茫"。庄子也曾赞"古之人在混茫之中"。明末思想家兼画家方密之自号"无道人"。他画山水淡烟点染，多用秃笔，不甚求似。尝戏示人曰："此何物？正无道人得'无'处也！"

中国画中的虚空不是死的物理的空间间架，俾物质能在里面移动，反而是最活泼的生命源泉。一切物象的纷纭节奏从他

里面流出来!我们回想到前面引过的唐诗人韦应物的诗:"万物自生听,太空恒寂寥。"王维也有诗云:"徒然万象多,澹尔太虚缅。"都能表明我所说的中国人特殊的空间意识。

而李太白的诗句"地形连海尽,天影落江虚",更有深意。有限的地形接连无涯的大海,是有尽融入无尽。天影虽高,而俯落江面,是自无尽回注有尽,使天地的实相变为虚相,点化成一片空灵。宋代哲学家程伊川曰:"冲漠无朕,而万象昭然已具。"昭然万象以冲漠无朕为基础。老子曰:"大象无形。"诗人、画家由纷纭万象的摹写以证悟到"大象无形"。用太空、太虚、无、混茫,来暗示或象征这形而上的道,这永恒创化着的原理。中国山水画在六朝初萌芽时画家宗炳绘所游历山川于壁上曰:"老病俱至,名山恐难遍游,唯当澄怀观道,卧以游之!"这"道"就是实中之虚,即实即虚的境界。明画家李日华说:"绘画必以微茫惨淡为妙境,非性灵廓彻者未易证入,以虚淡中含意多耳!"

宗炳在他的《画山水序》里已说到"山水质有而趋灵"。

所以明代徐文长赞夏圭的山水卷说:"观夏圭此画,苍洁旷迥,令人舍形而悦影!"我们想到老子说过"五色令人目盲",又说"玄之又玄,众妙之门"(玄,青黑色),也是舍形而悦影,舍质而趋灵。王维在唐代彩色绚烂的风气中高唱"画道之中水墨为上"。连吴道子也行笔磊落,于焦墨痕中略施微染,轻烟淡彩,谓之吴装。当时中国画受西域影响,壁画色彩,本是浓丽非常。现在敦煌壁画,可见一斑。而中国画家的"艺术意志"却舍形而悦影,走上水墨的道路。这说明中国人的宇宙观是"一阴一阳之谓道",道是虚灵的,是出没太虚自成文理的节奏与和谐。画家依据这意识构造他的空间境界,所以和西洋传统的依据科学精神的空间表现自然不同了。宋人陈淯上赞美画僧觉心说:"虚静师所造者道也。放乎诗,游戏乎画,如烟云水月,出没太虚,所谓风行水上,自成文理者也。"(见邓椿《画继》)

中国画中所表现的万象,正是出没太虚而自成文理的。画家由阴阳虚实谱出的节奏,虽涵泳在虚灵中,却绸缪往复,盘桓周旋,抚爱万物,而澄怀观道。清初周亮工的《读画录》中载庄淡庵题凌又蕙画的一首诗,最能道出我上面所探索的中国诗画所表现的空间意识。诗云:

性僻羞为设色工,聊将枯木写寒空。

洒然落落成三径,不断青青聚一丛。

人意萧条看欲雪,道心寂历悟生风。

低徊留得无边在,又见归鸦夕照中。

中国人不是向无边空间作无限制的追求,而是"留得无边在",低徊之,玩味之,点化成了音乐。于是夕照中要有归鸦。"众鸟欣有托,吾亦爱吾庐。"(陶渊明诗)我们从无边世界回到万物,回到自己,回到我们的"宇"。"天地入吾庐",也是古人的诗句。但我们却又从"枕上见千里,窗中窥万室"(王维诗句)神游太虚,超鸿蒙,以观万物之浩浩流衍,这才是沈括所说的"以大观小"!

清人布颜图在他的《画学心法问答》里一段话说得好:

◎南宋 夏圭 坐看云起

问布置之法,曰:所谓布置者,布置山川也。宇宙之间,惟山川为大。始于鸿蒙,而备于大地。人莫究其所以然。但拘拘于石法树法之间,求长觅巧,其为技也不亦卑乎?制大物必用大器。故学之者当心期于大。必先有一段海阔天空之见,存于有迹之内,而求于无迹之先。无迹者鸿蒙也,有迹者大地也。有斯大地而后有斯山川,有斯山川而后有斯草木,有斯草木而后有斯鸟兽生焉,黎庶居焉。斯固定理昭昭也。今之学者……必须意在笔先,铺成大地,创造山川。其远近高卑,曲折深浅,皆令各得其势而不背,则格制定矣。

又说:

学经营位置而难于下笔?以素纸为大地,以炭朾为鸿钧,以主宰为造物。用心目经营之,谛视良久,则纸上生情,山川恍惚,即用炭朾钧定,转视则不可复得矣!……此《易》之所谓寂然不动感而后通也。

这是我们先民的创造气象!对于现代的中国人,我们的山川大地不仍是一片音乐的和谐吗?我们的胸襟不应当仍是古画家所说的"海阔从鱼跃,天高任鸟飞"吗?我们不能以大地为素纸,以学艺为鸿钧,以良知为主宰,创造我们的新生活新世界吗?

(1949年3月,写于南京)

介绍两本关于中国画学的书并论中国的绘画

美学的研究，虽然应当以整个的美的世界为对象，包含着宇宙美、人生美与艺术美；但向来的美学总倾向以艺术美为出发点，甚至以为是唯一研究的对象。因为艺术的创造是人类有意识地实现他的美的理想，我们也就从艺术中认识各时代、各民族心目中之所谓美。所以西洋的美学理论始终与西洋的艺术相表里，他们的美学以他们的艺术为基础。希腊时代的艺术给与西洋美学以"形式""和谐""自然模仿""复杂中之统一"等主要问题，至今不衰。文艺复兴以来，近代艺术则给与西洋美学以"生命表现"和"情感流露"等问题。而中国艺术的中心——绘画——则给与中国画学以"气韵生动""笔墨""虚实""阴阳明暗"等问题。将来的世界美学自当不拘于一时一地的艺术表现，而综合全世界古今的艺术理想，融合贯通，求美学上最普遍的原理而不轻忽各个性的特殊风格。因为美与美术的源泉是人类最深心灵与他的环境世界接触相感时的波动。

各个美术有它特殊的宇宙观与人生情绪为最深基础。中国的艺术与美学理论也自有它伟大独立的精神意义。所以,中国的画学对将来的世界美学自有它特殊重要的贡献。

中国画中所表现的中国心灵究竟是怎样?它与西洋精神的差别何在?古代希腊人心灵所反映的世界是一个Cosmos(宇宙)。这就是一个圆满的、完成的、和谐的、秩序井然的宇宙。这宇宙是有限而宁静。人体是这大宇宙中的小宇宙。他的和谐、他的秩序,是这宇宙精神的反映。所以希腊大艺术家雕刻人体石像以为神的象征。他的哲学以"和谐"为美的原理。文艺复兴以来,近代人生则视宇宙为无限的空间与无限的活动。人生是向着这无尽的世界作无尽的努力。所以他们的艺术如"哥特式"的教堂高耸入太空,意向无尽。大画家伦勃朗所写画像皆是每一个心灵活跃的面貌,背负着苍茫无底的空间。歌德的《浮士德》是永不停息的前进追求。近代西洋文明心灵的符号可以说是"向着无尽的宇宙作无止境的奋勉"。

中国绘画里所表现的最深心灵究竟是什么?答曰,它既不是以世界为有限的圆满的现实而崇拜模仿,也不是向一无尽的世界作无尽的追求,烦闷苦恼,彷徨不安。它所表现的精神是一种"深沉静默地与这无限的自然,无限的太空浑然融化,体合为一"。它所启示的境界是静的,因为顺着自然法则运行的宇宙是虽动而静的,与自然精神合一的人生也是虽动而静的。它所描写的对象,山川、人物、花鸟、虫鱼,都充满着生命的动——气韵生动。但因为自然是顺法则的（老、庄所谓道），画家是默契自然的，所以画幅中潜存着一层深深的静寂。就是尺幅里的花鸟、虫鱼，也都像是沉落遗忘于宇宙悠渺的太空中，意境旷邈幽深。至于山水画如倪云林的一邱一壑，简之又简，譬如为道，损之又损，所得着的是一片空明中金刚不灭的精萃。它表现着无限的寂静，也同时表示着是自然最深最后的结构。有如柏拉图的观念，纵然天地毁灭，此山此水的观念是毁灭不动的。

中国人感到这宇宙的深处是无形无色的虚空，而这虚空却是万物的源泉，万动的根本，生生不已的创造力。老、庄名之为"道"、为"自然"、为"虚无"，儒家名之为"天"。万象皆从空虚中来，向空虚中去。所以纸上的空白是中国画真正的画底。西洋油画先用颜色全部涂抹画底，然后在上面依据远近法或名透视法（Perspective）幻现出目睹手可捉

◎ 元　倪瓒　《秋亭嘉树图》

摸的真景。它的境界是世界中有限的具体的一域。中国画则在一片空白上随意布放几个人物，不知是人物在空间，还是空间因人物而显。人与空间，融成一片，俱是无尽的气韵生动。我们觉得在这无边的世界里，只有这几个人，并不嫌其少。而这几个人在这空白的环境里，并不觉得没有世界。因为中国画底的空白在画的整个的意境上并不是真空，乃正是宇宙灵气往来，生命流动之处。笪重光说："虚实相生，无画处皆成妙境。"这无画处的空白正是老、庄宇宙观中的"虚无"。它是万象的源泉、万动的根本。中国山水画是最客观的，超脱了小己主观地位的远近法以写大自然千里山川。或是登高远眺云山烟景、无垠的太空、浑茫的大气，整个的无边宇宙是这一片云山的背景。中国画家不是以一区域具体的自然景物为"模特儿"，对坐而描摹之，使画境与观者、作者相对立。中国画的山水往往是一片荒寒，恍如原始的天地，不见人迹，没有作者，亦没有观者，纯然一块自然本体、自然生命。所以虽然也有阴阳明暗，远近大小，但却不是站立在一固定的观点所看见的 Plastic（造型的）形色阴影如西洋油画。西画、中画观照宇宙的立场与出发点根本不同。一是具体可捉摸的空间，由线条与光线表现（西洋油色的光彩使画境空灵生动。中国颜色单纯而无光，不及油画，乃另求方法，于是以水墨渲染为重）。一是浑茫的太空无边的宇宙，此中景物有明暗而无阴影。有人欲融合中、西画法于一张画面的，结果无不失败，因为没有注意这宇宙立

◎清　郎世宁　《郊原牧马图》

场的不同。清代的郎世宁、现代的陶冷月就是个例子（西洋印象派乃是写个人主观立场的印象，表现派是主观幻想情感的表现，而中画是客观的自然生命，不能混为一谈）。中国画中不是没有作家个性的表现，他的心灵特性是早已全部化在笔墨里面。有时亦或寄托一二人物，浑然坐忘于山水中间，如树如石如水如云，是大自然的一体。

所以中国宋元山水画是最写实的作品，而同时是最空灵的精神表现，心灵与自然完全合一。花鸟画所表现的亦复如是。勃莱克的诗句"一沙一世界，一花一天国"，真可以用来咏赞一幅精妙的宋人花鸟。一天的春色寄托在数点桃花，二三水鸟启示着自然的无限生机。中国人不是像浮士德"追求"着"无限"，乃是在一邱一壑、一花一鸟中发现了无限，表现了无限，所以他的态度是悠然意远而又怡然自足的。他是超脱的，但又不是出世的。他的画是讲求空灵的，但又是极写实的。他以气韵生动为理想，但又要充满着静气。一言蔽之，他是最超越自然而又最切近自然，是世界最心灵化的艺术（德国艺术学者O. Fischer的批评），而同时是自然的本身。表现这种微妙艺术的工具是那最抽象最灵活的笔与墨。笔墨的运用，神妙无穷，也是千余年来各个画家的秘密，无数画学理论所发挥的。我们在此地不及详细讨论了。

中国有数千年绘画艺术光荣的历史，同时也有自公元5世纪以来精深的画学。谢赫的《六法论》综合前人的理论，奠定后来的基础。以后画家、鉴赏家论画的著作浩如烟海。此中的精思妙论不唯是将来世界美学极重要的材料，也是了解中国文化心灵最重要的源泉（现代徐悲鸿画家写有《废话》一书，发挥中国艺术的真谛，颇有为前人所未道的，尚未付刊）。但可惜段金碎玉散于各书，没有系统的整理。今幸有郑午昌先生著《中国画学全史》，二十余万字，综述中国绘画与画学的历史。黄憩园先生则将画法理论"分别部居，以类相比，勒为一书，俾天下学者治一书而诸书之粹义灿然在目"。两书帮助研究中国画理、画法很有意义。现在简单介绍于后，希望读者进一步看他们的原书。

郑午昌先生以五年的时间和精力来编纂《中国画学全史》。划分为四大时期，即（一）实用时期；（二）礼教时期；（三）宗教化时期；（四）文学化时期。除周秦以前因绘画幼稚，资料不足，无法叙述外，自汉迄清划代为章。每章分四节：（一）

概况,概论一代绘画的源流、派别及其盛衰的状况;(二)画迹,举各家名迹之已为鉴赏家所记录或曾经著者目睹而确有价值者集录之;(三)画家,叙一时代绘画宗匠之姓名、爵里、生卒年月;(四)画论,博采画家、鉴赏家论画的学说。其后又有附录四:(一)历代关于画学之著述;(二)历代各地画家百分比例表;(三)历代各种绘画盛衰比例表;(四)近代画家传略。

此书合画史、画论于一炉,叙述详明,条理周密,文笔畅达,理论与事实并重,诚是一本空前的著作。读者若细心阅读,必能对世界文化史上这一件大事——中国的绘画(与希腊的雕刻和德国的音乐鼎足而三的)——有相当的了解与认识。

历史的综合的叙述固然重要,但若有人从这些过分丰富的材料中系统的提选出各问题,

◎清　陈师曾　《幽林芳意》

将先贤的画法理论分门别类，罗列摘录，使读者对中国绘画中各主要问题一目了然，而在每问题的门类中合观许多论家各方面的意见，则不唯研究者便利，且为将来中国美学原理系统化之初步。

黄憩园先生的《山水画法类丛》就是这样的一本书。他因为"古人论画之书，多详于画评、画史，而略于画法，本书则专谈画法，而不及画评、画史。根据各家学说，断以个人意见"。他这本书分上下篇，每篇分若干类，每类分若干段。每段各有题、以便读者检阅。上篇的内容列为五类：（一）局势——又分天地位置，远近大小，宾主，虚实等问题十四段；（二）笔墨——分名称，用笔轻重、繁简、用墨浓淡等问题二十四段；（三）景象——分明暗，阴暗，阴影、倒影等五段；（四）杂论——包含画品、画理、六法、十二忌、师古人与师自然、作画之修养、南北宗、西法之参用等问题共有二十九段。下篇则分画山、画石、皴染、画树、画云、画人等若干类。全书系统化的分类，惜乎著者没有说明其原理与标准，所以当然还有许多可以商榷改变的地方。但是著者用这分类的方法概述千余年来的画法理论，实在是便于学国画及研究画理者。尤其是每一门中罗列各家相反不同的意见，使研究者不致偏向一方，而真理往往是由辩证的方式阐明的。

音乐、建筑之美

中国古代的音乐美学思想

一、关于《乐记》

中国古代思想家对于音乐,特别对于音乐的社会作用、政治作用,向来是十分重视的。早在先秦,就产生了一部在音乐美学方面带有总结性的著作,就是有名的《乐记》。

《乐记》提供了一个相当完整的体系,对后代影响极大。对于这本书的内容,郭沫若曾经作了详细的分析(参看《青铜时代》一书中《公孙尼子与其音乐理论》一文)。我们现在只想补充两点:

(一)《乐记》,照古籍记载,本来有二十三篇或二十四篇。前十一篇是现存的《乐记》,后十二篇是关于音乐演奏、舞蹈表演等方面技术的记载,《礼记》没有收进去,后来失传了,只留下了前十一篇关于理论的部分,这是一个损失。

为什么要提到这一点呢?是为了说明,中国古代的音乐理论是全面的,它并不限于抽象的理论而轻视实践的材料。事实

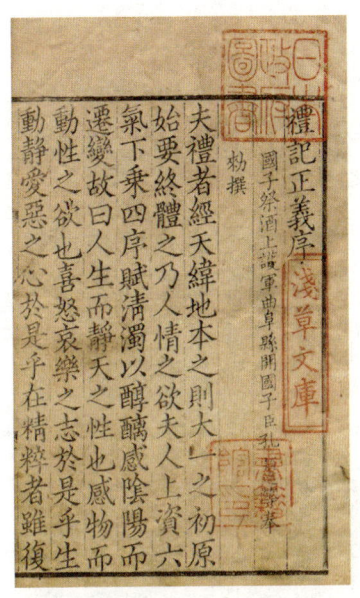

◎《礼记正义》

上，关于实践的记述，往往就能提供理论的启发。

《乐记》最突出的特点，是强调音乐和政治的关系。一方面，强调维持等级社会的秩序，所谓"天地之序"——这就是"礼"；一方面强调争取民心，保持整个社会的谐和，所谓"天地之和"——这就是"乐"。两方面统一起来，达到巩固等级制度的目的。有人否认《乐记》的阶级内容，那是很错误的。

二、从逻辑语言走到音乐语言

中国民族音乐，从古到今，都是声乐占主导地位。所谓"丝不如竹，竹不如肉，渐近自然也。"（《世说新语》）

中国古代所谓"乐"，并非纯粹的音乐，而是舞蹈、歌唱、表演的一种综合。《乐记》上有一段记载：

故歌者,上如抗,下如队,曲如折,止如槁木,倨中矩,句中钩,累累乎端如贯珠。故歌之为言也,长言之也。说之故言也,言之不足故长言之,长言之不足故嗟叹之,嗟叹之不足,故不知手之舞之,足之蹈之也。

"歌"是"言",但不是普通的"言",而是一种"长言"。"长言"即入腔,成了一个腔调,从逻辑语言、科学语言走入音乐语言、艺术语言。为什么要"长言"呢?就是因为这是一

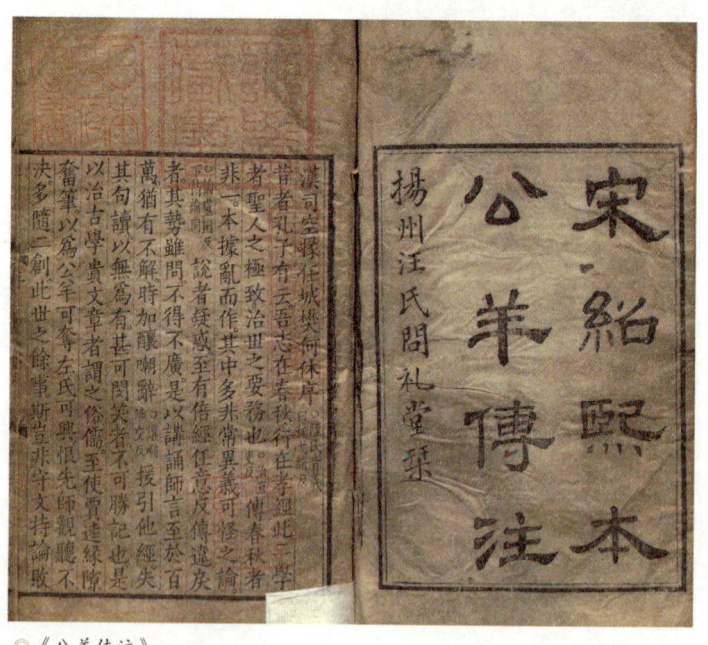

◎《公羊传注》

个情感的语言。"悦之故言之"，因为快乐，情不自禁，就要说出，普通的语言不够表达，就要"长言之"和"嗟叹之"（人腔和行腔），这就到了歌唱的境界。更进一步心情的激动要以动作来表现就走到了舞蹈的境界，所谓"嗟叹之不足，故不知手之舞之，足之蹈之也"。这种思想在当时较为普遍。《诗大序》也说了相类似的话："情动于中而形于言，言之不足故嗟叹之，嗟叹之不足故永歌之，永歌之不足，不知手之舞之，足之蹈之也。"这也是说，逻辑语言，由于情感之推动，产生飞跃，成为音乐的语言，成为舞蹈。

那么，这推动逻辑语言使成为音乐语言的情感又是怎么产生的呢？古代思想家认为，情感产生于社会的劳动生活和阶级的压迫，所谓"男女有所怨恨，相从为歌。饥者歌其食，劳者歌其事"（见《公羊传》宣公十五年何休注。韩诗外传，嵇康《声无哀乐论》）。这显然是一种进步的美学思想。

三、"声中无字，字中有声"

从逻辑语言进到音乐语言，就产生了一个"字"和"声"的关系问题。

"字"就是概念，表现人的思想。思想应该正确反映客观真实，所以"字"里要求"真"。音乐中有了"字"，就有了属于人、与人有密切联系的内容。但是"字"还要转化为"声"，

◎梅兰芳

变成歌唱,走到音乐境界。这就是表现真理的语言要进入到美。"真"要融化在"美"里面。"字"与"声"的关系,就是"真"与"美"的关系。只谈"美",不谈"真",就是形式主义、唯美主义。既真又美,这是梅兰芳一生追求的目标。他运用传统唱腔,表现真实的生活和真实的情感,创造出真切动人的新的美,成为一代大师。

宋代的沈括谈到"字"与"声"的关系,提出了中国歌唱艺术的一条重要规律:"声中无字,字中有声。"他说:

> 古之善歌者有语,谓"当使声中无字,字中有声"。凡曲,止是一声清浊高下如萦缕耳,字则有喉唇齿舌等音不同。当使字字举本皆轻圆,悉融入声中,令转换处无磊魂,此谓"声中

无字",古人谓之"如贯珠",今谓之"善过度"是也。如宫声字而曲合用商声,则能转宫为商歌之,此"字中有声"也,善歌者谓之"内里声"。不善歌者,声无抑扬,谓之"念曲";声无含韫,谓之"叫曲"。

(《梦溪笔谈》卷五)

"字中有声",这比较好理解。但是什么叫"声中无字"呢?是不是说,在歌唱中要把"字"取消呢?是的,正是说要把"字"取消。但又并非完全取消,而是把它融化了,把"字"解剖为头、腹、尾三个部分,化成为"腔"。"字"被否定了,但"字"的内容在歌唱中反而得到了充分的表达。取消了"字",却把它提高和充实了,这就叫"扬弃"。"弃"是取消,"扬"是提高。这是辩证的过程。

戏曲表演里讲究的"咬字行腔",就体现了这条规律。"字"和"腔"就是中国歌唱的基本元素。咬字要清楚,因为"字"是表现思想内容,反映客观现实的。但为了充分的表达,还要从"字"引出"腔"。程砚秋说,咬字就如猫抓老鼠,不一下子抓死,既要抓住,又要保存活的。这样才能既有内容的表达,又有艺术的韵味。

"咬字行腔",是结合现实而不断发展的。例如马泰在评剧《夺印》中,通过声音的抑扬高低,表现了人物的高度政治原则性。这在唱腔方面就有所发展。近来在京剧演现代戏里更接触到从生活出发，从人物出发来发展和改进京剧唱腔和曲调的问题，值得我们注意。

四、务头

戏曲歌唱里有所谓"务头"，牵涉到艺术的内容和形式等问题，所以我们在此简略地谈一谈。

◎京剧人物图

什么叫"务头"？"曲调之声情，常与文情相配合，其最胜妙处，名曰'务头'。"（童斐伯《中乐寻源》）这是说，"务头"是指精彩的文字和精彩的曲调的一种互相配合的关系。一篇文章不能从头到尾都精彩，必须有平淡来突出精彩。人的精彩在"眼"。失去眼神，就等于是泥塑木雕。诗中也有"眼"。"眼"是表情的，特别引起人们的注意。曲中就叫"务头"。李渔说：

曲中有"务头"，犹棋中有眼，有此则活，无此则死。进不可战，退不可守者，无眼之棋，死棋也；看不动情，唱不发调者，无"务头"之曲，死曲也。一曲有一曲之"务头"，一句有一句之"务头"，字不聱牙，音不泛调，一曲中得此一句即使全曲皆灵，一句中得此一二字即使全句皆健者，"务头"也。由此推之，则不特曲有"务头"。诗、词、歌、赋以及举子业，无一不有"务头"矣。

(《闲情偶寄·别解务头》)

从这段话可以看出，"务头"的问题，并不限于戏曲的范围，它包含有各种艺术共有的某些一般规律性的内容。近人吴梅在《顾曲麈谈》里对"务头"有更深入的确切的说明。

中国古代音乐寓言与音乐思想

寓言,是有所寄托之言。《史记》上说:"庄周著书十余万言,大抵率寓言也。"庄周书里随处都见到用故事、神话来说出他的思想和理解。我这里所说的寓言包括神话、传说、故事。音乐是人类最亲密的东西,人有口有喉,自己会吹奏歌唱;有手可以敲打、弹拨乐器;有身体动作可以舞蹈。音乐这门艺术可以备于人的一身,无待外求。所以在人群生活中发展得最早,在生活里的势力和影响也最大。诗、歌、舞及拟容动作,戏剧表演,极早时就结合在一起。但是对我们最亲密的东西并不就是最被认识和理解的东西,所谓"百姓日用而不知"。所以古代人民对音乐这一现象感到神奇,对它半理解半不理解。尤其是人们在很早就在弦上管上发见音乐规律里的数的比例,那样严整,叫人惊奇。中国人早就把律、度、量、衡结合,从时间性的音律来规定空间性的度量,又从音律来测量气候,把音律和时间中的历结合起来(甚至于凭音来测地下的深度,见《管子》)。太史公在《史记》里说:"阴阳之施化,

◎（传）五代南唐　周文矩绘　《合乐图》

万物之终始，既类旅于律吕，又经历于日辰，而变化之情可见矣。"变化之情除数学的测定外，还可从律吕来把握。

希腊哲学家毕达哥拉斯发现琴弦上的长短和音高成数的比例，他见到我们情感体验里最深秘难传的东西——音乐，竟和我们脑筋里把握得最清晰的数学有着奇异的结合，觉得自己是窥见宇宙的秘密了。后来西方科学就凭数学这把钥匙来启开大自然这把锁，音乐却又是直接地把宇宙的数理秩序诉之于情感世界，音乐的神秘性是加深了，不是减弱了。

音乐在人类生活及意识里这样广泛而深刻的影响，就在古代以及后来产生了许多美丽的音乐神话、故事传说。哲学家也用音乐的寓言来寄寓他的最深难表的思想，像庄子。欧洲古代，尤其是近代浪漫派思想家、文学家爱好音乐，也用音乐故事来表白他们的思想，像德国文人蒂克的小说。

我今天就是想谈谈音乐故事、神话、传说，这里面寄寓着古人对音乐的理解和思想。我总合地称它们做音乐寓言。太史公在《史记》上说庄子书中大抵是寓言,庄子用丰富、活泼、生动、微妙的寓言表白他的思想,有一段很重要的音乐寓言,我也要谈到。

先谈谈音乐是什么?《礼记》里《乐记》上说得好:"凡音之起,由人心生也。人心之动,物使之然也。感于物而动,故形于声。声相应,故生变,变成方,谓之音。比音而乐之,及干戚羽旄,谓之乐。"

构成音乐的音,不是一般的嘈声、响声,乃是"声相应,故生变,变成方,谓之音"。是由一般声里提出来的,能和"声相应",能"变成方",即参加了乐律里的音。所以《乐记》又说:"声成文,谓之音。"乐音是清音,不是凡响。由乐音构成乐曲,成功音乐形象。

这种合于律的音和音组织起来,就是"比音而乐之",它

◎ 合奏

里面含着节奏、和声、旋律。用节奏、和声、旋律构成的音乐形象,和舞蹈、诗歌结合起来,就在绘画、雕塑、文学等造型艺术以外,拿它独特的形式传达生活的意境,各种情感的起伏节奏。一个堕落的阶级,生活颓废,心灵空虚,也就没有了生活的节奏与和谐。他们的所谓音乐就成了嘈声杂响,创造不出旋律来表现有深度有意义的生命境界。节奏、和声、旋律是音乐的核心,它是形式,也是内容。它是最微妙的创造性的形式,也就启示着最深刻的内容,形式与内容在这里是水乳难分了。音乐这种特殊的表现和它的深厚的感染力使得古代人民不断地探索它的秘密,用神话、传说来寄寓他们对音乐的领悟和理想。我现在先介绍欧洲的两个音乐故事。一个是古代的,一个是近代的。

古代希腊传说着歌者奥尔菲斯的故事说:歌者奥尔菲斯,他是首先给予木石以名号的人,他凭借这名号催眠了它们,使它们像着了魔,解脱了自己,追随他走。他走到一块空旷的地方,弹起他的七弦琴来,这空场上竟涌现出一个市场。音乐演奏完了,旋律和节奏却凝住不散,表现在市场建筑里。市民们在这个由音乐凝成的城市里来往漫步,周旋在永恒的韵律之中。歌德谈到这段神话时,曾经指出人们在罗马彼得大教堂里散步也会有这同样的经验,会觉得自己是游泳在石柱林的乐奏的享受中。所以在十九世纪初,德国浪漫派文学家口里流传着一句话说:"建筑是凝冻着的音乐。"说这话的第一个人据说是浪漫主义哲学家谢林，歌德认为这是一个美丽的思想。到了十九世纪中叶，音乐理论家和作曲家姆尼兹·豪普德曼把这句话倒转过来，他在他的名著《和声与节拍的本性》里称呼音乐是"流动着的建筑"。这话的意思是说音乐虽是在时间里流逝不停的演奏着，但它的内部却具有着极严整的形式、间架和结构，依顺着和声、节奏、旋律的规律，像一座建筑物那样。它里面有着数学的比例。我现在再谈谈近代法国诗人梵乐希写了一本论建筑的书，名叫《优班尼欧斯或论建筑》。这里有一段对话，是叙述一位建筑师和他的朋友费得诺斯在郊原散步时的谈话，他对费说："听呵，费得诺斯，这个小庙，离这里几步路，我替赫尔墨斯建造的，假使你知道，它对我的意义是什么？当过路的人看见它，不外是一个丰姿绰约的小庙，——一件小东西，四根石柱在一单纯的体式中，——我在它里面却寄寓着我生命里一个光明日子的回忆，啊，甜蜜可爱的变化呀！这个窈窕的小庙宇，没有人想到，它是一个珂玲斯女郎的数学的造像呀！这个我曾幸福地恋爱着的女郎，这小庙是很忠实地复示着她的身体的特殊的比例，它为我活着。我寄寓于它的，它回赐给我。"费得诺斯说："怪不得它有这般不可思议的窈窕呢！人在它里面真能感觉到一个人格的存在，一个女子的奇花初放，一个可爱的人儿的音乐的和谐。它唤醒一个不能达到边缘的回忆。而这个造型的开始——它的完成是你所占有的——已经足够解放心灵同时惊撼着它。倘使我放肆我的想象，我就要,你晓得,把它唤做一阕新婚的歌,里面夹着清亮的笛声,我现在已听到它在我内心里升起来了。"

这寓言里面有三个对象:

(一)一个少女的窈窕的躯体——它的美妙的比例,它的微妙的数学构造。

◎乐器

(二)但这躯体的比例却又是流动着的,是活人的生动的节奏、韵律;它在人们的想象里展开成为一出新婚的歌曲,里面夹着清脆的笛声,闪灼着愉快的亮光。

(三)这少女的躯体,它的数学的结构,在她的爱人的手里却实现成为一座云石的小建筑,一个希腊的小庙宇。这四根石柱由于微妙的数学关系发出音响的清韵,传出少女的幽姿,它的不可模拟的谐和正表达着少女的体态。艺术家把他的梦寐中的爱人永远凝结在这不朽的建筑里,就像印度的夏吉汗为纪念他的美丽的爱妻塔姬建造了那座闻名世界的塔姬后陵墓。这一建筑在月光下展开一个美不可言的幽境,令人仿佛见到夏吉汗的痴爱和那不可再见的美人永远凝结不散,像一出歌。

音乐、建筑之美

从梵乐希那个故事里，我们见到音乐和建筑和生活的三角关系。生活的经历是主体，音乐用旋律、和谐、节奏把它提高、深化、概括，建筑又用比例、匀衡、节奏，把它在空间里形象化。

这音乐和建筑里的形式美不是空洞的，而正是最深入地体现出心灵所把握到的对象的本质。就像科学家用高度抽象的数学方程式探索物质的核心那样。"真"和"美"，"具体"和"抽象"，在这里是出于一个源泉，归结到一个成果。

在中国的古代，孔子是个极爱音乐的人，也是最懂得音乐的人。《论语》上说他在齐闻韶，三月不知肉味。曰："不图为乐之至于斯也！"他极简约而精确地说出一个乐曲的构造。

◎古琴

《论语·八佾》篇载：子语鲁太师乐曰："乐，其可知也！始作，翕如也。从之，纯如也。皦如也，绎如也。以成。"起始，众音齐奏。展开后，协调着向前演进，音调纯洁。继之，聚精会神，达到高峰，主题突出，音调响亮。最后，收声落调，余音袅袅，情韵不匮，乐曲在意味隽永里完成。这是多么简约而美妙的描述呀！

但是孔子不只是欣赏音乐的形式的美，他更重视音乐的内容的善。《论语·八佾》篇又记载："子谓韶，尽美矣，又尽善也。谓武，尽美矣，未尽善也。"这善不只是表现在古代所谓圣人的德行事功里，也表现在一个初生的婴儿的纯洁的目光里面。西汉刘向的《说苑》里记述一段故事说："孔子至齐郭门外，遇婴儿，其视精，其心正，其行端，孔子曰：'趣驱之，趣驱之，韶乐将作。'"他看见这婴儿的眼睛里天真圣洁，神一般的境界，非常感动，叫他的御者快些走近到他那里去，韶乐将升起了。他把这婴儿的心灵的美比作他素来最爱敬的韶乐，认为这是韶乐所启示的内容。由于音乐能启示这深厚的内容，孔子重视他的教育意义，他不要放郑声，因郑声淫，是太过，太刺激，不够朴质。他是主张文质彬彬的，主张绘事后素，礼同乐是要基于内容的美的。所以《子罕》篇记载他晚年说："吾自卫反鲁，然后乐正，雅颂各得其所。"他的正乐，大概就是将三百篇的诗整理得能上管弦，而且合于韶武雅颂之音。

孔子这样重视音乐，了解音乐，他自己的生活也音乐化了。这就是生活里把"条理"、规律与"活泼的生命情趣"结合起来,就像音乐把音乐形式同情感内容结合起来那样。所以孟子赞扬孔子说:"孔子,圣之时者也。孔子之谓集大成,集大成也者,金声而玉振之也。金声也者,始条理也。玉振之也者,终条理也。始条理者,智之事也。终条理者,圣之事也。智,譬则巧也;圣,譬则力也。由射于百步之外也,其至尔力也,其中,非尔力也。"力与智结合,才有"中"的可能。艺术的创造也是这样。艺术创作的完成,所谓"中",不是简单的事。"其中,非尔力也。"光有力还不能保证它的必"中"呢!

从我上面所讲的故事和寓言里,我们看见音乐可能表达的三方面。一是形象的和抒情的:一个爱人的躯体的美可以由一个建筑物的数学形象传达出来,而这形象又好像是一曲新婚的歌。二是婴儿的一双眼睛令人感到心灵的天真圣洁,竟会引起孔子认为韶乐将作。三是孔子的丰富的人格是形式与内容的统一,始条理终条理,像一金声而玉振的交响乐。

◎ 笛子

《乐记》上说:"歌者直己而陈德也。动己而天地应焉,四时和焉,星辰理焉,万物育焉。"中国古代人这样尊重歌者,不是和希腊神话里赞颂奥尔菲斯一样吗?但也可以从这里面看出它们的差别来。希腊半岛上城邦人民的意识更着重在城市生活里的秩序和组织,中国的广大平原的农业社会却以天地四时为主要环境,人们的生产劳动是和天地四时的节奏相适应。古人曾说,"同动谓之静",这就是说,流动中有秩序,音乐里有建筑,动中有静。

希腊从梭龙到柏拉图都曾替城邦立法,着重在齐同划一,中国哲学家却认为"乐者天地之和,礼者天地之序","大乐与天地同和,大礼与天地同节"(《乐记》),更倾向着"和而不同",气象宏廓,这就是更倾向"乐"的和谐与节奏。因而中国古代的音乐思想,从孔子的论乐、荀子的《乐论》到《礼记》里的《乐记》,——《乐记》里什么是公孙尼子的原来的著作,尚待我们研究,但其中却包含着中国古代极为重要的宇宙观念、政教思想和艺术见解。就像我们研究西洋哲学必须理解数学、几何学那样,研究中国古代哲学也要理解中国音乐思想。数学与音乐是中西古代哲学思维里的灵魂呀!(两汉哲学里的音乐思想和嵇康的《声无哀乐论》都极重要)数理的智慧与音乐的智慧构成哲学智慧。中国在哲学发展里曾经丧失了数学智慧与音乐智慧的结合,堕入庸俗。西方在毕达哥拉斯以后割裂了数学智慧与音乐智慧。数学孕育了自然科学,音乐独立发展为近代交响乐与歌剧,资产阶级的文化显得支离破碎。社会主义将为中国创造数学智慧与音乐智慧的新综合,替人类建立幸福的丰饶的生活和真正的文化。

我们在《乐记》里见到音乐思想与数学思想的密切结合。《乐记》上《乐象》篇里赞美音乐,说它"清明象天,广大象地,终始象四时,周旋象风雨,五色成文而不乱,八风从律而不奸,百度得数而有常。小大相成,终始相生,倡和清浊,迭相为经,故乐行而伦清,耳目聪明,血气和平,移风易俗,天下皆宁"。在这段话里见到音乐能够表象宇宙,内具规律和度数,对人类的精神和社会生活有良好影响,可以满足人们在哲学探讨里追求真、善、美的要求。音乐和度数和道德在源头上

◎元　朱德润　《松涧横琴图》

是结合着的。《乐记·师乙》篇上说："夫歌者直己而陈德也。动己而天地应焉，四时和焉，星辰理焉，万物育焉。"德的范围很广，文治、武功、人的品德都是音乐所能陈述的德。所以《尚书·舜典》篇上说："帝曰：夔，命汝典乐，教胄子，直而温，宽而栗，刚而无虐，简而无傲。诗言志，歌永言，声依永，律和声，八音克谐，无相夺伦，神人以和，夔曰：於，予击石，拊石，百兽率舞。"

关于音乐表现德的形象，《乐记》上记载有关于大武的乐舞的一段，很详细，可以令人想见古代乐舞的"容"，这是表象周武王的武功，里面种种动作，含有戏剧的意味。同戏不同的地方就是乐人演奏时的衣服和舞时动作是一律相同的。这一段的内容是："且夫武，始而北出，再成而灭商，三成而南，四成而南国是疆，五成分，周公左，召公右，六成复缀，以崇。天子夹振之，而驷伐，盛威于中国也。分夹而进，事蚤济也。久立于缀，以待诸侯之至也。"郑康成注曰："成，犹奏也，每奏武曲，一终为一成。始奏，象观兵盟津时也。再奏，象克殷时也。三奏，象克殷有余力而返也。四奏，象南方荆蛮之国侵畔者服也。五奏，象周公召公分职而治也。六奏，象兵还振旅也。复缀，反位止也。驷，当为四，声之误也。每奏四伐，一击一刺为一伐。分犹部曲也，事，犹为也。济，成也。舞者各有部曲之列，又夹振之者，象用兵务于早成也。久立于缀，象武王伐纣待诸侯也。"（见《乐记·宾牟贾》篇）

我们在这里见到舞蹈、戏剧、诗歌和音乐的原始的结合。所以《乐象》篇文说："德者，性之端也。乐者，德之华也。金石丝竹，乐之器也。诗，言其志也。歌，咏其声也。舞，动其容也。三者本于心，然后乐器从之。是故情深而文明，气盛而化神，和顺积中而英华发外，唯乐不可以为伪。"

古代哲学家认识到乐的境界是极为丰富而又高尚的，它是文化的集中和提高的表现。"情深而文明，气盛而化神，和顺积中，英华发外。"这是多么精神饱满，生活力旺盛的民族表现。"乐"的表现人生是"不可以为伪"，就像数学能够表示自然规律里

◎ 宋 赵佶 《听琴图》

的真那样,音乐表现生活里的真。

我们读到东汉傅毅所写的《舞赋》,它里面有一段细致生动的描绘,不但替我们记录了汉代歌舞的实况,表出这舞蹈的多采而精妙的艺术性,而最难得的,是他描绘舞蹈里领舞女子的精神高超,意象旷远,就像希腊艺术家塑造的人像往往表现不凡的神境,高贵纯朴,静穆庄丽。但傅毅所塑造的形象却更能艳若春花,清如白鹤,令人感到华美而飘逸。这是在我以上所引述的几种音乐形象之外,另具一格的。我们在这些艺术形象里见到艺术净化人生,提高精神境界的作用。

王世襄同志曾把《舞赋》里这一段描绘译成语体文,刊载音乐出版社《民族音乐研究论文集》第一集。傅毅的原文收在《昭明文选》里,可以参看。我现在把译文的一段介绍于下,便于读者欣赏:

当舞台之上可以蹈踏出音乐来的鼓已经摆放好了,舞者的心情非常安闲舒适。她将神志寄托在遥远的地方,没有任何的挂碍。(原文:舒意自广,游心无垠,远思长想……)舞蹈开始的时候,舞者忽而俯身向下,忽而仰面向上,忽而跳过来,忽而跳过去。仪态是那样的雍容惆怅,简直难以用具体形象来形容。(原文:其始兴也,若俯若仰,若来若往,雍容惆怅,不可为象。)再舞了一会儿,她的舞姿又像要飞起来,又像在行走,又猛然耸立着身子,又忽地要倾斜下来。她不加思索的每一个动作,以至手的一指、眼睛的一瞥,都应着音乐的节拍。(原文:其少进也,若翶若行,若竦若倾,兀动赴度,指顾应声。)

轻柔的罗衣,随着风飘扬,长长的袖子,不时左右的交横,飞舞挥动,络绎不停,宛转袅绕,也合乎曲调的快慢。(原文:罗衣从风,长袖交横,骆驿飞散,飒擖合并。)她的轻而稳的姿势,好像栖歇的燕子,而飞跃时的疾速又像惊弓的鹄鸟。体态美好而柔婉,迅捷而轻盈,姿态真是美好到了极点,同时也显示了胸怀的纯洁。舞者的外貌能够表达内心——神志正在杳冥之处游行。(原文:鹍鹅燕居,拉搭鹄惊。绰约闲靡,机迅体轻,资绝伦之妙态,怀悫素之洁清,修仪操以显志兮,独驰思乎杳冥。)当她想到高山的时候,便真峨峨然有高山之势,想到流水的时候,便真洋洋然有流水之情。(原文:在山峨峨,在水汤汤。)她的容貌随着内心的变化而改易,所以没有任何一点表情是没有意义而多余的。(原文:与志迁化,容不虚生。)乐曲中间有歌词,舞者也能将它充分表达出来,没有使得感叹激昂的情致受到减损。那时她的气概真像浮云般的高逸,她的内心,像秋霜般的皎洁。像这样美妙的舞蹈,使观众都称赞不止,乐师们也自叹不如。〔原文:明诗表指(同旨),嘳(同喷)息激昂。气若浮云,志若秋霜,观者增叹,诸工莫当。〕

单人舞毕,接着是数人的鼓舞,她们挨着次序,登上鼓,跳起舞来，她们的容貌服饰和舞蹈技巧，一个赛过一个，意想不到的美妙舞姿也层出不穷，她们望着般鼓则流盼着明媚的眼睛，歌唱时又露出洁白的牙齿，行列和步伐，非常整齐。往来的动作，也都有所象征的内容，忽而回翔，忽而高耸。真仿佛是一群神仙在跳舞，拍着节奏的策板敲个不住，她们的脚趾踏在鼓上，也轻疾而不稍停顿，正在跳得往来悠悠然的时候，倏忽之间，舞蹈突然中止。等到她们回身开始跳的时候，音乐换成了急促的节拍，舞者在鼓上做出翻腾跪跌种种姿态，灵活委宛的腰肢，能远远地探出，深深地弯下，轻纱做成的衣裳，像蛾子在那里飞扬。跳起来，有如一群鸟，飞聚在一起，慢起来，又非常舒缓，宛转地流动，像云彩在那里飘荡，她们的体态如游龙，袖子像白色的云霓。当舞蹈渐终，乐曲也将要完的时候，她们慢慢地收敛舞容而拜谢，一个个欠着身子，含着笑容，退回到她们原来的行列中去。观众们都说真好看，没有一个不是兴高采烈的。（原文不全引了。）

在傅毅这篇《舞赋》里见到汉代的歌舞达到这样美妙而高超的境界。领舞女子的"资绝伦之妙态，怀悫素之洁清，修仪操以显志，独驰思乎杳冥"。她的"舒意自广，游心无垠，远思长想，在山峨峨，在水汤汤，与志迁化，容不虚生，明诗表旨，嘳息激昂，气若浮云，志若秋霜"。中国古代舞女塑造了这一形象，由傅毅替我们传达下来，它的高超美妙，比起希腊人塑造的女神像来,具有她们的高贵,却比她们更活泼,更华美,更有远神。

欧阳修曾说:"闲和严静,趣远之心难形。"晋人就曾主张艺术意境里要有"远神"。陶渊明说:"心远地自偏"。这类高逸的境界,我们已在东汉的舞女的身上和她的舞姿里见到。庄子的理想人物——藐姑射神人,绰约若处子,肌肤若冰雪——也体现在元朝倪云林的山水竹石里面。这舞女的神思意态也和魏晋人钟王的书法息息相通。王献之《洛神赋》书法的美不也是"翩若惊鸿,婉若游龙","神光离合,乍阴乍阳","皎若太阳升朝霞,灼若芙蕖出渌波"吗?(所引皆《洛神赋》中句)我们在这里不但是见到中国哲学思想、绘画及书法思想[1]和这舞蹈境界密切关联,也可以令人体会到中国古代的美的理想和由这理想所塑造的形象。这是我们的优良传统,就像希腊的神像雕塑永远是欧洲艺术不可企及的范本那样。

关于哲学和音乐的关系,除掉孔子的谈乐,荀子的《乐论》,《礼记》里《乐记》,《吕氏春秋》《淮南子》里论乐诸篇,嵇康的《声无哀乐论》(这文可和德国十九世纪汉斯里克的《论音乐的美》作比较研究),还有庄子主张"视乎冥冥,听乎无声,冥冥之中,独见晓焉,无声之中,独闻和焉,故深之又

---

[1] 关于书法里的美学思想,我写了一文,请参考。书法里的形式美的范畴主要是从空间形象概括的,音乐美的范畴主要是从时间形象概括的,却可以相通。——作者注

深,而能物焉"(《天地》)。这是领悟宇宙里"无声之乐",也就是宇宙里最深微的结构型式。在庄子,这最深微的结构和规律也就是他所说的"道",是动的,变化着的,像音乐那样,"止之于有穷,流之于无止"。这道和音乐的境界是"逐丛生林,乐而无形,布挥而不曳,幽昏而无声,动于无方,居于窈冥……行流散徙,不主常声。……充满天地,苞裹六极"(《天运》),这道是一个五音繁会的交响乐。"逐丛生林",就是在群声齐奏里随着乐曲的发展,涌现繁富的和声。庄子这段文字使我们在古代"大音希声",淡而无味的,使魏文侯听了昏昏欲睡的古乐而外,还知道有这浪漫精神的音乐。这音乐,代表着南方的洞庭之野的楚文化,和楚铜器漆器花纹声气相通,和商周文化有对立的形势,所以也和古乐不同。

庄子在《天运》篇里所描述的这一出"黄帝张于洞庭之野的咸池之乐",却是和孔子所爱的北方的大舜的韶乐有所不同。《书经·舜典》上所赞美的乐是"声依永,律和声,八音克谐,无相夺伦,神人以和"的古乐,听了叫人"心气和平","清明在躬"。而咸池之乐,依照庄子所描写和他所赞叹的,却是叫人"惧""怠""惑""愚",以达于他所说的"道"。这是和《乐记》里所谈的儒家的音乐理想确正相反,而叫我们联想到十九世纪德国乐剧大师华格耐尔晚年精心的创作《巴希法尔》。这出浪漫主义的乐剧是描写阿姆伏塔斯通过"纯愚"巴希法尔才能从苦痛的罪孽的生活里解救出来。浪漫主义是和

◎北宋　佚名　《洛神赋图》

"惧""怠""惑""愚"有密切的姻缘。所以我觉得《庄子·天运》篇里这段对咸池之乐的描写是极其重要的,它是我们古代浪漫主义思想的代表作,可以和《书经·舜典》里那一段影响深远的音乐思想作比较观,尽管《书经》里这段话不像是尧舜时代的东西,《庄子》里这篇咸池之乐也不能上推到黄帝,两者都是战国时代的思想,但从这两派对立的音乐思想——古典主义的和浪漫主义的——可以见到那时音乐思想的丰富多采,造诣精微,今天还有钻研的价值。由于它的重要,我现在把《庄子·天运》篇里这段全文引在下面:

北门成问于黄帝曰:帝张咸池之乐于洞庭之野,吾始闻之惧,复闻之怠,卒闻之而惑,荡荡默默,乃不自得。帝曰汝殆其然哉!吾奏之以人,徵之以天,行之以礼义,建之以太清。……四时迭起,万物循生,一盛一衰,文武伦经。一清一浊,阴阳调和,流光其声,蛰虫始作,吾惊之以雷霆。其卒无

尾，其始无首。一死一生，一偾一起，所常无穷，而一不可待。汝故惧也。吾又奏之以阴阳之和，烛之以日月之明，其声能短能长，能柔能刚，变化齐一，不主故常。在谷满谷，在坑满坑。涂卻守神（意谓涂塞心知之孔隙，守凝一之精神），以物为量。其声挥绰，其名高明。是故鬼神守其幽，日月星辰行其纪。吾止之于有穷，流之于无止（意谓流与止——顺其自然也）。子欲虑之而不能知也，望之而不能见也，逐之而不能及也。傥然立于四虚之道，倚于槁梧而吟，目之穷乎所欲见，力屈乎所欲逐，吾既不及，已夫。（按：这正是华格耐尔音乐里"无止境旋律"的境界，浪漫精神的体现）形充空虚，乃至委蛇，汝委蛇，故怠。（你随着它委蛇而委蛇，不自主动，故怠）吾又奏之以无怠之声，调之以自然之命。故若混逐丛生，（按：此言重振主体能动性，以便和自然的客观规律相浑合）林乐而无形，布挥而不曳（此言挥霍不已，似曳而未尝曳），幽昏而无声，动于无方，居于窈冥，或谓之死，或谓之生，或谓之实,或谓之荣,行流散徙,不主常声。世疑之,稽于圣人。圣人者,达于情而遂于命也。天机不张,而五官皆备,此之谓天乐,无言而心悦。故有焱氏为之颂曰:听之不闻其声,视之不见其形,充满天地,苞裹六极,汝欲听之,而无接焉。尔故惑也。(此言主客合一,心无分别,有如暗惑。)乐也者,始于惧,惧故祟(此言乐未大和,听之悚惧,有如祸祟)。吾又次之以怠,怠故遁(此言遁于忘我之境,泯灭内外)。卒之于惑,惑故愚,愚故道(内外双忘,有如愚迷,符合老庄所说的道。大智若愚也)。道可载而与之俱也(人同音乐偕入于道)。

老庄谈道,意境不同。老子主张"致虚极,守静笃,万物并作,吾以观其复"。他在狭小的空间里静观物的"归根","复

◎明 唐寅 听琴图

命"。他在三十辐所共的一个毂的小空间里，在一个抟土所成的陶器的小空间里，在"凿户牖以为室"的小空间的天门的开阖里观察到"道"。道就是在这小空间里的出入往复，归根复命。所以他主张守其黑，知其白，不出户，知天下。他认为"五色令人目盲，五音令人耳聋"，他对音乐不感兴趣。庄子却爱逍遥游。他要游于无穷，寓于无境。他的意境是广漠无边的大空间。在这大空间里作逍遥游是空间和时间的合一。而能够传达这个境界的正是他所描写的，在洞庭之野所展开的咸池之乐。所以庄子爱好音乐，并且是弥漫着浪漫精神的音乐，这是战国时代楚文化的优秀传统，也是以后中国音乐文化里高度艺术性的源泉。探讨这一条线的脉络，还是我们的音乐史工作者的课题。

以上我们讲述了中国古代寓言和思想里可以见到的音乐形象，现在谈谈音乐创作过程和音乐的感受。《乐府古题要解》里解说琴曲《水仙操》的创作经过说："伯牙学琴于成连，三年而成。至于精神寂寞，情之专一，未能得也。成连曰：'吾之学不能移人之情，吾之师有方子春在东海中。'乃赍粮从之，至蓬莱山，留伯牙曰：'吾将迎吾师！'划船而去，旬日不返。伯牙心悲，延颈四望，但闻海水汩没，山林窅冥，群鸟悲号。仰天叹曰：'先生将移我情！'乃援操而作歌云：'繄洞庭兮流斯护，舟楫逝兮仙不还。移形素兮蓬莱山，歆钦伤宫仙不还。'伯牙遂为天下妙手。"

◎元　王振朋　《伯牙鼓琴图》

"移情"就是移易情感，改造精神，在整个人格的改造基础上才能完成艺术的造就，全凭技巧的学习还是不成的。这是一个深刻的见解。

至于艺术的感受，我们试读下面这首诗。唐诗人郎士元《听邻家吹笙》诗云："风吹声如隔彩霞，不知墙外是谁家，重门深锁无寻处，疑有碧桃千树花。"这是听乐时引起人心里美丽的意象"碧桃千树花"。但是这是一般人对于音乐感受的习惯，各人感受不同，主观里涌现出的意象也就可能两样。"知音"的人要深入地把握音乐结构和旋律里所潜伏的意义。主观虚构的意象往往是肤浅的。"志在高山，志在流水"时，作曲家不是模拟流水的声响和高山的形状，而是创造旋律来表达高山流水唤起的情操和深刻的思想。因此，我们在感受音乐艺术中也会使我们的情感移易，受到改造，受到净化、深化和提高的作用。唐诗人常建的《江上琴兴》一诗写出了这净化深化的作用。

> 江上调玉琴,一弦清一心;
> 泠泠七弦遍,万木澄幽阴。
> 能使江月白,又令江水深;
> 始知梧桐枝,可以徽黄金。

琴声使江月加白,江水加深。不是江月的白,江水的深,而是听者意识体验得深和纯净。明人石沆《夜听琵琶》诗云:

> 娉婷少妇未关愁,
> 清夜琵琶上小楼。
> 裂帛一声江月白,
> 碧云飞起四山秋!

音响的高亮,令人神思飞动,如碧云四起,感到壮美。这些都是从听乐里得到的感受。它使我

◎明　郭诩　《琵琶行图》

们对于事物的感觉增加了深度，增加了纯净。就像我们在科学研究里通过高度的抽象思维，离开了自然的表面，反而深入到自然的核心，把握到自然现象最内在的数学规律和运动规律那样，音乐领导我们去把握世界生命万千形象里最深的节奏的起伏。庄子说："无声之中，独闻和焉。"所以我们在戏曲里运用音乐的伴奏才更深入地刻画出剧情和动作。希腊的悲剧原来诞生于音乐呀！

音乐使我们心中幻现出自然的形象，因而丰富了音乐感受的内容。画家诗人却由于在自然现象里意识到音乐境界而使自然形象增加了深度。六朝画家宗炳爱游山水，归来后把所见名山画在壁上，"坐卧向之。谓人曰：抚琴动操，欲令众山皆响"。唐初诗人沈佺期有《范山人画山水歌》云：

山崝嵘，水泓澄，漫漫汗汗一笔耕，一草一木栖神明。忽如空中有物，物中有声，复如远道望乡客，梦绕山川身不行。

身不行而能梦绕山川，是由于"空中有物，物中有声"，而这又是由于"一草一木栖神明"，才启示了音乐境界。

这些都是中国古代的音乐思想和音乐意象。

（笔者附言：1961年12月28日中国音乐家协会约我作了这个报告，现在展写成篇，请读者指教。）

中国园林建筑艺术所表现的美学思想

一、飞动之美

前面讲《考工记》的时候,已经讲到古代工匠喜欢把生气勃勃的动物形象用到艺术上去。这比起希腊来,就很不同。希腊建筑上的雕刻,多半用植物叶子构成花纹图案。中国古代雕刻却用龙、虎、鸟、蛇这一类生动的动物形象,至于植物花纹,要到唐代以后才逐渐兴盛起来。在汉代,不但舞蹈、杂技等艺术十分发达,就是绘画、雕刻,也无一不呈现一种飞舞的状态。图案画常常用云彩、雷纹和翻腾的龙构成,雕刻也常常是雄壮的动物,还要加上两个能飞的翅膀。充分反映了汉民族在当时的前进的活力。

这种飞动之美,也成为中国古代建筑艺术的一个重要特点。

《文选》中有一些描写当时建筑的文章,描写当时城市宫殿建筑的华丽,看来似乎只是夸张,只是幻想。其实不然。我

◎古代建筑图样

们现在从地下坟墓中发掘出来实物材料,那些颜色华美的古代建筑的点缀品,说明《文选》中的那些描写,是有现实根据的,离开现实并不是那么远的。

现在我们看《文选》中一篇王文考作的《鲁灵光殿赋》。这篇赋告诉我们,这座宫殿内部的装饰,不但有碧绿的莲蓬和水草等装饰,尤其有许多飞动的动物形象:有飞腾的龙,有愤怒的奔兽,有红颜色的鸟雀,有张着翅膀的凤凰,有转来转去的蛇,有伸着颈子的白鹿,有伏在那里的小兔子,有抓着橡在互相追逐的猿猴,还有一个黑颜色的熊,背着一个东西,蹲在那里,吐着舌头。不但有动物,还有人:一群胡人,带着愁苦的样子,眼神憔悴,面对面跪在屋架的某一个危险的地方。上面则有神仙、玉女,"忽瞟眇以响象,若鬼神之仿佛"。在作了这样的描写之后,作者总结道:"图画天地,品类群生,杂物奇怪,山神海灵,写载其状,托之丹青,千变万化,事各胶形,随色象类,曲得其情。"这简直可以说是谢赫六法的先声了。

不但建筑内部的装饰,就是整个建筑形象,也着重表现一种动态,中国建筑特有的"飞檐",就是起这种作用。根据《诗经》的记载,周宣王的建筑已经像一只野鸡伸翅在飞(《斯干》),可见中国的建筑很早就趋向于飞动之美了。

二、空间的美感之一

建筑和园林的艺术处理,是处理空间的艺术。老子就曾说:"凿户牖以为室,当其无,有室之用。"室之用是由于室中之空间。而"无"在老子又即是"道",即是生命的节奏。

中国的园林是很发达的。北京故宫三大殿的旁边,就有三海,郊外还有圆明园、颐和园,等等,这是皇帝的园林。民间的老式房子,也总有天井、院子,这也可以算作一种小小的园林。例如,郑板桥这样描写一个院落:

十笏茅斋,一方天井,修竹数竿,石笋数尺,其地无多,其费亦无多也。而风中雨中有声,日中月中有影,诗中酒中有情,闲中闷中有伴,非唯我爱竹石,即竹石亦爱我也。彼千金万金造园亭,或游宦四方,终其身不能归享。而吾辈欲游名山大川,又一时不得即往,何如一室小景,有情有味,历久弥新乎?对此画,构此境,何难敛之则退藏于密,亦复放之可弥六合也。

(《板桥题画竹石》)

我们可以看到,这个小天井,给了郑板桥这位画家多少丰富的感受!空间随着心中意境可敛可放,是流动变化的,是虚灵的。

宋代的郭熙论山水画,说:"山水有可行者,有可望者,有可游者,有可居者。"(《林泉高致》)可行、可望、可游、可居,这也是园林艺术的基本思想。园林中也有建筑,要能够居人,使人获得休息,但它不只是为了居人,它还必须可游,可行,可望。"望"最重要。一切美术都是"望",都是欣赏。不但"游"可以发生"望"的作用(颐和园的长廊不但领导我们"游"可以发生"望"的作用),就是"住",也同样要"望"。窗子并不单为了透空气,也是为了能够望出去,望到一个新的境界,使我们获得美的感受。

窗子在园林建筑艺术中起着很重要的作用。有了窗子,内外就发生交流。窗外的竹子或青山,经过窗子的框框望去,就

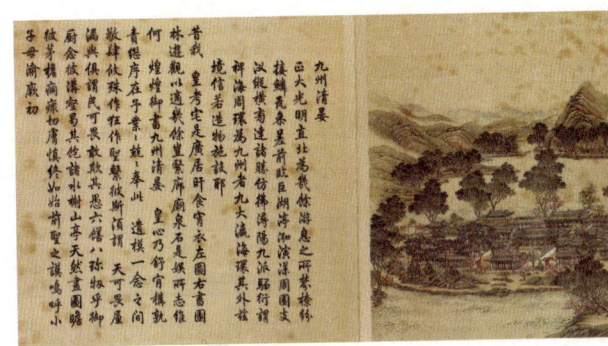

◎《圆明园四十景图咏之九州清晏》

是一幅画。颐和园乐寿堂差不多四边都是窗子，周围粉墙列着许多小窗，面向湖景，每个窗子都等于一幅小画（李渔所谓"尺幅窗，无心画"）。而且同一个窗子，从不同的角度看出去，景色都不相同。这样，画的境界就无限地增多了。

明代人有一小诗，可以帮助我们了解窗子的美感作用。

一琴几上闲，数竹窗外碧。
帘户寂无人，春风自吹入。

这个小房间和外部是隔离的，但经过窗子又和外边联系起来了。没有人出现，突出了这个小房间的空间美。这首诗好比是一张静物画，可以当作塞尚（Cyzanne）画的几个苹果的静物画来欣赏。

不但走廊、窗子，而且一切楼、台、亭、阁，都是为了

"望",都是为了得到和丰富对于空间的美的感受。

颐和园有个匾额,叫"山色湖光共一楼"。这是说,这个楼把一个大空间的景致都吸收进来了。左思《三都赋》:"八极可围于寸眸,万物可齐于一朝。"苏轼诗:"赖有高楼能聚远,一时收拾与闲人。"就是这个意思。颐和园还有个亭子叫"画中游"。"画中游",并不是说这亭子本身就是画,而是说,这亭子外面的大空间好像一幅大画,你进了这亭子,也就进入到这幅大画之中。所以明人计成在《园冶》中说:"轩槛高爽,窗户邻虚,纳千顷之汪洋,收四时之烂漫。"

这里表现着美感的民族特点。古希腊人对于庙宇四围的自然风景似乎还没有发现。他们多半把建筑本身孤立起来欣赏。古代中国人就不同。他们总要通过建筑物,通过门窗,接触外面的大自然(我们讲离卦的美学时曾经谈到过这一点)。"窗含西岭千秋雪,门泊东吴万

◎ 圆明园图

里船"(杜甫诗句),诗人从一个小房间通到千秋之雪、万里之船,也就是从一门一窗体会到无限的空间、时间。这样的诗句多得很。像"凿翠开户牖"(杜甫),"山川俯绣户,日月近雕梁"(杜甫),"檐飞宛溪水,窗落敬亭云"(李白),"山翠万重当槛出,水光千里抱城来"(许浑),都是小中见大,从小空间进到大空间,丰富了美的感受。外国的教堂无论多么雄伟,也总是有局限的。但我们看天坛的那个祭天的台,这个台面对着的不是屋顶,而是一片虚空的天穹,也就是以整个宇宙作为自己的庙宇。这是和西方很不相同的。

三、空间的美感之二

为了丰富对于空间的美感,在园林建筑中就要采用种种手法来布置空间、组织空间、创造空间,例如借景、分景、隔景,等等。其中,借景又有远借、邻借、仰借、俯借、镜借等。总之,为了丰富对景。(见计成《园冶》)

玉泉山的塔,好像是颐和园的一部分,这是"借景"。苏州留园的冠云楼可以远借虎丘山景,拙政园在靠墙处堆一假山,上建"两宜亭",把隔墙的景色尽收眼底,突破围墙的局限,这也是"借景"。颐和园的长廊,把一片风景隔成两个,一边是近于自然的广大湖山,一边是近于人工的楼台亭阁,游人可以两边眺望,丰富了美的印象,这是"分景"。《红楼梦》

小说里大观园运用园门、假山、墙垣，等等，造成园中的曲折多变，境界层层深入，像音乐中不同的音符一样，使游人产生不同的情调，这也是"分景"。颐和园中的谐趣园，自成院落，另辟一个空间，另是一种趣味。这种大园林中的小园林，叫作"隔景"。对着窗子挂一面大镜，把窗外大空间的景致照入镜中，成为一幅发光的"油画"。"隔窗云雾生衣上，卷幔山泉入镜中"（王维诗句）、"帆影都从窗隙过，溪光合向镜中看"（叶令仪诗句），这就是所谓"镜借"了。"镜借"是凭镜借景，使

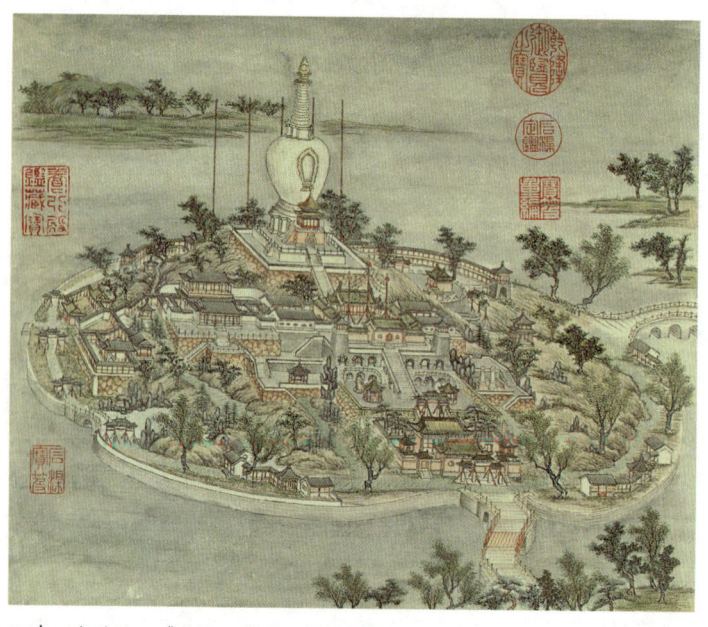

◎清　张若澄　《燕山八景图册》（部分）

景映镜中,化实为虚(苏州怡园的面壁亭处境逼仄,乃悬一大镜,把对面假山和螺髻亭收入境内,扩大了境界)。园中凿池映景,亦此意。

无论是借景、对景,还是隔景、分景,都是通过布置空间、组织空间、创造空间、扩大空间的种种手法,丰富美的感受,创造了艺术意境。中国园林艺术在这方面有特殊的表现,它是理解中华民族的美感特点的一项重要的领域。概括说来,当如沈复所说的:"大中见小,小中见大,虚中有实,实中有虚,或藏或露,或浅或深,不仅在周回曲折四字也。"(《浮生六记》)这也是中国一般艺术的特征。

图书在版编目（CIP）数据

何处寻美 / 宗白华著. -- 北京：中国画报出版社，2021.9（2023.10重印）
（美学大师课）
ISBN 978-7-5146-1775-7

Ⅰ.①何… Ⅱ.①宗… Ⅲ.①美学—文集 Ⅳ.①B83-53

中国版本图书馆CIP数据核字(2021)第102072号

何处寻美

宗白华 著

出 版 人：于九涛
策　　划：许晓善
责任编辑：李聚慧
责任印制：焦　洋

出版发行：中国画报出版社
地　　址：中国北京市海淀区车公庄西路33号　邮编：100048
发 行 部：010-88417418　010-68414683（传真）
总编室兼传真：010-88417359　版权部：010-88417359

开　　本：32开（787mm×1092mm）
印　　张：9
字　　数：160千字
版　　次：2021年9月第1版　2023年10月第3次印刷
印　　刷：三河市金兆印刷装订有限公司
书　　号：ISBN 978-7-5146-1775-7
定　　价：59.80元